四川出版发展公益基金会资助项目——输变电智能巡检技术
四川省2021—2022年度重点图书出版规划项目——智慧输变电技术

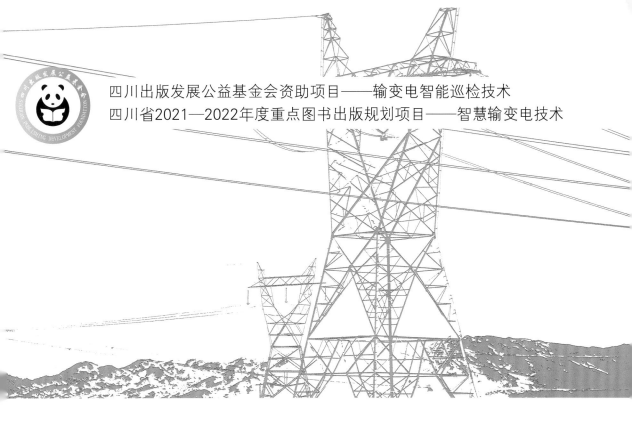

输电线路三维激光
点云数据处理
与分析技术

黄绪勇 唐标 于辉 沈志◎著

西南交通大学出版社
·成 都·

图书在版编目（ＣＩＰ）数据

输电线路三维激光点云数据处理与分析技术 / 黄绪
勇等著. 一成都：西南交通大学出版社，2022.11
（输变电智能巡检技术）
ISBN 978-7-5643-9020-4

Ⅰ. ①输… Ⅱ. ①黄… Ⅲ. ①输电线路 – 三维 – 激光
扫描 – 数据处理 – 研究 Ⅳ. ①TM726②TN249③TP274

中国版本图书馆 CIP 数据核字（2022）第 216316 号

Shudian Xianlu Sanwei Jiguang Dianyun Shuju Chuli yu Fenxi Jishu
输电线路三维激光点云数据处理与分析技术

黄绪勇　唐　标
于　辉　沈　志 　　**著**　　
责任编辑 / 李芳芳
封面设计 / 吴　兵

西南交通大学出版社出版发行
（四川省成都市金牛区二环路北一段 111 号西南交通大学创新大厦 21 楼　610031）
发行部电话：028-87600564　028-87600533
网址：http://www.xnjdcbs.com
印刷：四川玖艺呈现印刷有限公司

成品尺寸　185 mm×240 mm
印张　14　字数　249 千
版次　2022 年 11 月第 1 版　　印次　2022 年 11 月第 1 次

书号　ISBN 978-7-5643-9020-4
定价　79.00 元

前言

近年来，三维激光扫描技术在电网企业得到了越来越深入的应用，已经成为电网企业输电线路巡检的一种常规手段，不仅改变了日常巡视、检修、特巡特维的密度和周期，而且在预测潜在风险、解决潜在问题中发挥着越来越重要的作用。与此同时，高精度、大范围的信息采集也带来了海量非结构化数据处理问题：如何快速、精确地对海量数据进行处理与分析，是当前电网企业工程技术人员亟须解决的问题。

本书基于云南电网有限责任公司多年来在三维激光扫描点云数据处理与分析方面积累的经验，从工程的角度，系统性地阐述了点云数据处理与分析的全过程。本书的内容统筹、章节设计和统稿工作由黄绪勇主持完成，组织管理工作由唐标负责完成。全书内容主要包括 6 章：

第 1 章绪论，系统性地介绍了三维激光点云数据处理与分析工作的工程处置流程及主要工作内容。

第 2 章点云数据预处理，介绍了点云数据处理与分析前阶段的内容，包括数据质量检查、点云噪声数据特性与噪声数据的处置方法。

第 3 章点云数据分类，介绍了点云数据分类的基本原理及算法。根据电网企业对输电线路点云数据的需求特点，阐述了点云数据的快速处理与精细化处理的方式。

第 4 章基于点云数据的输电通道隐患分析，根据输电通道三维激光点云扫描巡视的要求，从当前工况、最大工况、杆塔倾斜、风偏等各种实际需求出发，系统性地介绍了基于点云数据的输电通道隐患分析方法。

第 5 章输电通道全景可视化还原技术，系统性地阐述了基于激光点云数据进行输电通道全景可视化还原的基本原理和方法。

第 6 章点云数据处理与分析平台优化技术，主要针对海量的非结构化点云数据，如何快速实现存储、加载及其数据优化。

本书可作为电网企业工程技术人员的参考用书，也可供从事点云数据处理与分析的研究人员借鉴。本书在编写过程中，得到了云南电网有限责任公司生技部、云南电网有限责任公司输电分公司的大力支持和帮助，在此表示由衷的感谢。

由于作者水平有限，书中难免存在疏漏之处，恳请读者不吝赐教并提出宝贵意见。

作 者

2022 年 10 月

目录

CONTENTS

第1章 绪 论

近年来，在电网高速发展的要求下，输电及配电线路等电网设备数量均以较高的速度增长，电网运行、调控、检修维护等操作日益复杂，有关电网安全稳定运行的要求也更高。输电线路相关设备在长期、连续不间断运行及外部环境的影响下，会增加设备故障发生的次数。设备故障造成电网的非计划停运，不仅会使电力供应进一步紧张，也会造成较大的经济损失。

随着输电线路巡维要求的不断提升，在输电线路动静态巡视检测方面的新技术应用越来越广泛，从传统的"望远镜＋红外测温"的检测方法转变为"机巡＋人工"广义巡检手段，并采取定期的试验分析检查模式。但由于云南电网线路延展里程长，线路结构类型、不同电压等级的覆盖密度等不尽相同，尤其是由于历史原因未建立相关输电线路数学模型台账，为适应输电线路状态评价智能化的要求，收集线路沿线的三维信息是一个非常重要的研究课题。三维激光扫描结合可见光影像数据在输电线路上的应用可有效解决上述问题，尤其是其获取的点云数据，可提供线路检测所需要的详细信息，为三维建模提供支撑。

三维激光扫描结合可见光成像技术具有自动化程度高、全天候测量、数据信息量大、生产周期短、精度高等特点，是目前最先进的可实时获取地形表面三维空间信息和影像的航空遥感系统，也是国内外目前在获取高效率空间数据方面的研究热点。该技术使用方法简单，环境适应性强，测量成本低，目前在国内外大量工程中得到应用，在地形测量、变形监测、文物保护、道路工程、路面检测、轨道测量等领域将有较大的发展空间。

国外激光雷达技术的研发起步较早。早在 20 世纪 60 年代，人们就开始进行激光测距试验；70 年代，美国的阿波罗登月计划中已应用了激光测高技术；80 年代，激光雷达技术得到了迅速发展，相关人员研制出了精度可靠的激光雷达测量传感器，利用它可获取星球表面高分辨率的地理信息。到了 21 世纪，针对激光雷达技术的研究及科研成果层出不穷，极大地推动了激光雷达技术的发展。随着扫描、摄影、卫星定位及惯性导航系统的集成，利用不同的载体及多传感器的融合，直接获取星球表面三维点

注：本书将"中国南方电网有限责任公司"简称为"南网"；"云南电网有限责任公司"简称为"云南电网"。

云数据，从而获得数字表面模型、数字高程模型（DEM）、数字正射影像（DOM）及数字线画图（DLG）等，实现了激光雷达三维影像数据获得技术的突破，使得雷达技术得到了空前发展。如今，激光雷达技术已广泛应用于社会发展及科学研究的各个领域，成为社会发展服务中不可或缺的技术手段。

　　当前输电线路三维激光扫描技术在国内外电网企业得到了广泛的应用，大范围的应用也对三维激光点云数据的处理与分析能力提出了越来越高的要求：实时实现输电线路及通道地物特征提取，点云数据快速分类处理，线路通道或线路设备的隐患点准确分析，结合多种类型环境参数对输电线路进行工况模拟预测分析，树木生长分析预测，通过结合存量激光点云数据逐年跟踪隐患点消缺及整改，等等；同时需要实现三维输电线路的全景展示及应用，真实且直观地反映输电线路情况，为输电线路巡视、隐患点排查工作提供数据支持，不断提升机巡业务数据分析效率及工作质量，大大节约人力资源投入，降低人工劳动强度。

1.1　点云数据处理与分析整体流程

　　数据处理主要包括三维激光扫描点云数据预处理、输电线路及通道地物特征提取、激光点云数据空间分析及针对输电线路工况、环境参数模拟等方面开展研究工作。通常整个作业流程如图 1.1 所示。

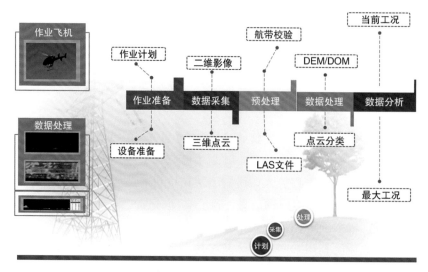

图 1.1　点云数据处理与分析整体流程

为保障研究顺利开展，作者团队制定并执行了一套完整的数据分析作业流程，以开展数据分析各阶段工作。详细流程如图 1.2 所示。

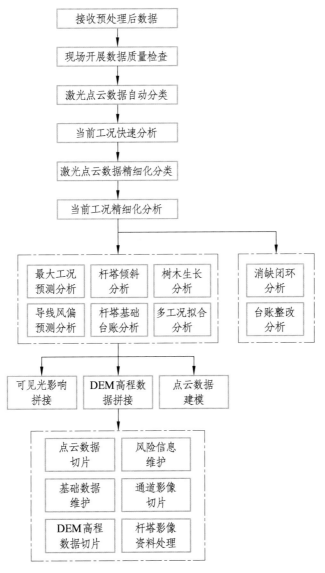

图 1.2 点云数据处理与分析详细流程

通过上述流程图，将数据分析工作分成现场数据质量检查、数据分类、工况分析与预测、数据跟踪分析、展示数据准备、分析结果展示等几个方面分别展开介绍。

1.2　点云数据处理与分析

1.2.1　输电线路三维激光扫描数据质量检查

结合现场作业计划，从点云数据完整性、坐标准确性、基础信息准确性、点云密度及可见光影像数据完整性、重叠度、亮度、位置姿态信息坐标准确性等多个方面开展三维激光点云的数据质量审查，形成数据质量审核报告，以确保采集的数据符合数据处理分析要求。

1. 航测数据质量评价

综合考虑数据的处理效率和分析准确度，结合实际工程经验，对输电线路点云的密度一般要求为 40 pts/m² 左右。所以在飞行作业时，直升机的飞行速度和飞行高度直接影响到点云密度和可见光影像的重叠度。

航线质量分析是对飞行的航线质量进行检查分析，包括航高分析、速度分析和飞行姿态分析等。航测所获取的遥感数据，除了在现场检查影像色调、饱和度、云和雾之外，还要从以下几个方面进行检查：

1）航带弯曲度

飞机在飞行过程中，受外界自然条件影响会出现偏离预设航线的情况，航带两端像片主点偏离航线首尾连线的最大距离与航线首尾连接的长度比值称为航带弯曲度。实际飞行的航向弯曲会影响重叠度。如果航带弯曲过大，可能产生航摄漏洞，影响作业质量。

2）航带内最大高差

无人机在飞行过程中，飞机实际飞行高度会偏离预设高度。测量范围要求同一航线上相邻相片的航高差应不大于 30 m，最大航高与最小航高之间应不大于 50 m。

3）航高分析

把 POS 数据导入系统，系统对线路台账中杆塔高程和航线高度进行对比分析，生成航高分析报告。

航高分析报告包含每条航带的名称、该条航带的最大飞行高度和最小飞行高度、航高差、航高方差、平均航高，以及根据线路台账和高度容差，判断该条航带是否合格，点击导出按钮，可将分析结果导出。

4）速度分析

把 POS 数据导入系统，系统根据预设飞行速度和速度一致性参数，检查 POS 数据中的飞行速度是否在合适的范围，然后生成速度分析报告。

速度分析报告包含每条航带的名称，该条航带的最大飞行速度和最小飞行速度、速度差、速度方差、平均速度，以及根据用户设置的速度一致性参数，判断该条航带是否合格。合格的航带的平均速度为绿色显示，不合格的为红色显示。点击导出按钮，可将分析结果导出。

5）飞行姿态分析

把 POS 数据导入系统，系统根据预设航线曲度参数，检查 POS 数据中的最大翻滚角、平均翻滚角、最大俯仰角、平均俯仰角、航线弯曲度（%）是否在合适的范围内，然后生成飞行姿态分析报告。

飞行姿态分析报告包含每条航带的名称、最大翻滚角、平均翻滚角、最大俯仰角、平均俯仰角、航线弯曲度（%），以及根据用户设置的航线弯曲度阈值判断该条航带是否合格。Yes 表示合格，No 表示不合格。合格的航带的航线弯曲度值以绿色表示，不合格的以红色表示。点击导出按钮，可将分析结果导出。

2. 影像数据质量检查

在检查完飞行数据质量合格、不用重飞或补飞的情况下，利用数据后处理软件，依据无人机航测内业相关数据处理规范，检查内业数据处理精度。

航测影像内业处理所参考的技术指标依据《低空数字航空摄影测量内业规范》，按成图比例尺 1∶2 000 的精度要求，正射影像的地面分辨率应满足在 0.2 m 以内。规范要求生产数字线划图、数字正射影像图时，区域网平差结束后，基本定向点残差平面最大较差应满足在 2 m 以内，高程最大较差应该满足在 1.5 m 以内。成果仅用于数字正射影像制作时，高程精度可放宽。

1）影像重叠度

同一航线内相邻的影像重叠称为航向重叠，相邻航线的重叠称为旁向重叠。根据相关航测规范要求，航向重叠度一般为 60%~80%，最小不应小于 53%；旁向重叠度一般为 15%~60%，最小应不小于 8%。

2）像片旋角

正射影像上相邻主点连线与同方向连接的夹角即为像片旋角。一般像片旋角要求不超过 6°，最大不应大于 8°，而且不能有连续三片超过 6°。

3. 点云数据质量检查

点云数据质量要求如下：

（1）噪声数据比例不大于3%；

（2）与遥测数据匹配误差不大于0.05 m；

（3）密度均匀，对区域的覆盖完整；

（4）符合《架空送电线路机载激光雷达测量技术规程》（Q/CSG 11104—2008）中的规定。

1）点云数据完整性检查

巡检作业完成后，现场对巡检数据进行分析判断，关键点云数据无缺失，否则根据实际情况考虑复飞或其他巡检方式，进行补拍。

2）点云密度分析

激光雷达点云密度是机载激光雷达点云数据的重要属性，反映了激光脚点空间分布的特点及密集程度，而激光脚点的空间分布直接反映了地物的空间分布状态和特点。

激光雷达点云密度的作用类似遥感影像的分辨率，点云密度越大，越能探测更微小目标。激光雷达点云密度涉及激光雷达技术的硬件制造、数据采集和数据处理及应用的整个链条，是激光雷达技术的关键指标。

点云密度分析结果存有每个点云数据的密度质量检查的结果以及完整的报告。

3）高差质量评价

对于不同架次的激光点云数据，由于基站信号强弱、基站坐标不准等因素造成同一对象在不同架次中的高程不同，这对点云数据的分析有较大的影响。

将多个LAS导入系统，系统根据几个点云重合部分，自动寻找对应的点，对比其高程差，再生成高差分析报告。高差分析结果会导出至文件夹，里面存有每条航线高差分析的结果。

1.2.2 激光点云数据分类

1. 点云分类一般要求

三维激光扫描点云数据分类应满足三维激光扫描成果自动化检测、处理要求。参考 GB 50545、GB 50790、GB 50665、GB/T 28813、DL/T741、DL/T 307、Q/GDW 547

和 Q/GDW 11092 等相关运行规范和设计规范规定的地物（地面、植被、建筑物、其他电力线等）最小安全距离（以下简称安全距离）。为便于自动化计算，对距离要求进行适当归并和简化，组织分类点云数据，计算导线与地物的净空距离、水平距离和垂直距离（以下简称计算距离），如表 1.1、表 1.2 所示。

表 1.1　输电线路与地面、树木、铁路、公路、河流和电力线的距离的基本要求

地物类别		线路电压/kV								
		220	330	±400	500	±500	±660	750	±800	1 000
最小垂直距离/m	地面	6.5	7.5	12.0	11.0	11.5	16.0	15.5	19.0	22.0
	树木	4.5	5.5	7.0	7.0	7.0	10.5	8.5	13.5	15.5
	铁路	8.5	9.5	25.0	14.0	16.0	18.0	19.5	21.5	27.0
	公路	8.0	9.0	13.0	14.0	16.0	18.0	19.5	21.5	27.0
	通航河流	7.0	8.0	11.5	9.5	12.0	12.5	11.5	15.0	14.0
	不通航河流	4.0	5.0	8.6	6.5	7.6	10	8.0	12.5	14.0
	电力线	4.0	5.0	8.6	6.0	7.6	8.0	7.0	10.5	10.0

表 1.2　输电线路与建筑物的距离的基本要求

地物类别		线路电压/kV								
		220	330	±400	500	±500	±660	750	±800	1 000
建筑物	最小垂直距离/m	6.0	7.0	14.0	9.0	14.0	15.0	11.5	17.5	22.0
	最小水平距离/m	2.5	3.0	5.0	5.0	5.0	6.5	6.0	7.0	7.0

2. 点云分类标准

按照点云分类要求，制定点云分类标准，如表 1.3 所示。

表 1.3　点云分类标准

类号	中文名称	英文名称
	默认点	default
1	地面点	ground
2	果树、经济林、行道树	plantation
3	植被（果树、经济林、行道树）	vegetation
4	建筑物	building
5	噪声	noise

续表

类号	中文名称	英文名称
6	铁路（非电气轨）	railway
7	电气轨	electric_rail
8	公路	road
9	不通航河流	unnavigable river
10	特殊管道	special_pipe
11	导线	conductor
12	铁塔	structures
13	交叉跨越线	scissors_crossing
14	地线（光缆线）	shield_wire
15	其他	other
16	其他线路	other_line
17	通航河流	navigable rivers
18	铁路承力索及接触线	carrier cable &line
19	绝缘子	insulator
20	导线引流线	jumper wire
备注	（1）临时建筑物为因需要临时建造使用，结构简易，且需拆除的建（筑）物。 （2）不通航河流指不能通航也不能浮运的河流	

3. 点云分类的实现

对输电线路走廊的激光点云扫描数据进行快速自动化分类和精细化分类，所有分类对象进行不同着色。

快速自动化分类对象包括默认类别、地面、植被、高植被、架空地线、电力线、杆塔 7 种数据。

精细化分类对象包括默认类别、杆塔、高植被、植被、架空地线、电力线、绝缘子、跳线、间隔棒、地面、建筑物、公路（二级及以上）、被跨越杆塔、其他杆塔、被跨越电力线（上跨）、被跨越电力线（下跨）、其他电力线、铁路、弱电线路、铁路承力索、接触线、索道、变电站、桥梁、水域、管道、河流 27 种数据。

1.2.3 隐患分析

根据激光点云数据分类结果对输电线路走廊进行当前最大工况隐患相关分析，包括巡检线路总体统计分析、巡检线路通道安全距离隐患分析（包含当前工况快速分析和当前工况详细分析）、巡检线路交叉跨越分析、杆塔倾斜隐患分析、树木生长分析预测等多种检测分析；基于多种数据源开展最大工况预测分析、最高气温预测分析、最大风偏工况预测分析、最大覆冰工况预测分析、复合工况预测分析等线路安全预测分析；开展指定线路的树木倒伏预警分析等多种检测分析。

1. 当前工况分析

1）当前工况快速分析

根据快速自动化分类情况，快速分析不同电压等级输电线路紧急、重大隐患的安全距离及重点管控交叉跨越物并完成快速分析报告评审交付。

2）当前工况精细化分析

根据对点云数据的精细化对象分类情况，分析输电线路的一般、紧急和重大缺陷的安全距离，一对一匹配可见光影像数据，并对输电线路与被跨越电力线（上跨）、被跨越电力线（下跨）、公路（二级及以上）、铁路、河流、桥梁、水域、被跨越杆塔等分类开展交叉跨越距离与角度的检测分析，完成精细化分析报告评审交付。

2. 最大工况分析

根据电网现行架空输电线路运行规程，在指定气温、风速、覆冰厚度环境下，对输电线路电力线与植被、高植被、地面等其他分类数据的安全距离开展预测分析，并按电力线与隐患点的距离分等级展示预测结果，同时在指定环境下对输电线路与被跨越电力线（上跨）、被跨越电力线（下跨）、公路（二级及以上）、铁路、河流、桥梁、水域、被跨越杆塔等分类开展交叉跨越距离与角度的检测分析，完成最大工况分析报告评审交付。

3. 杆塔倾斜分析

利用历年点云数据解析输电线路杆塔信息对比分析杆塔垂直中心线，快速分析杆塔倾斜情况，推送风险监控数据。

4. 杆塔基本台账分析

基于点云数据,利用后台接口与电网资产管理平台、电网 GIS 系统实时对比分析,对杆塔经纬度、塔基高程、塔顶高程、绝缘子串类型、杆塔转角、挡距、杆塔类型等基本台账信息进行核对,对差异信息提出数据质量提升解决方案。

5. 导线风偏分析

根据点云数据,完成输电线路设定风速下电力线风偏分析,预测分析电力线与地面、植被等分类数据的隐患点及相关交叉跨越情况。

6. 树木生长分析预测

采用已精细化分类后激光点云数据获取植被、高植被点云信息,利用截取树木树干部位的点云切片,结合树木生长规律、区域、环境因素,模拟不同环境下输电线路通道有效范围内的树木生长情况,预测输电线路通道及交叉跨越安全情况。

1.2.4 数据跟踪分析

根据历年激光点云数据精细化分类结果,结合历史点云数据隐患点分布情况,智能识别分析历史通道隐患点消缺情况及基础台账整改情况。

1. 消缺闭环及时性对比分析

抽取电网资产管理平台消缺订单,结合激光点云数据精细化分类结果,提取历年点云数据通道隐患点分布情况,通过抽取精细化分类点云数据、历史点云隐患点形态特征及隐患点点云坐标,计算其与电力线的垂直、水平、净空距离,核实输电线路消缺情况,形成消缺情况分析报告。

2. 基础台账整改跟踪分析

根据历史分析报告中基础台账对比分析报告,实时抽取南网资产管理中输电线路台账信息,结合激光点云数据中杆塔经纬度、塔基高程、塔顶高程、绝缘子串类型、杆塔转角、挡距、杆塔类型进行对比,按时间周期要求配合各供电单位开展基础台账整改工作,实时监控整改进度,形成整改跟踪分析报告。

1.2.5 可见光影像拼接

对于可见光照片，结合巡视线路坐标信息智能选取有效可见光影像，开展影像拼接，形成通用 GIS 格式的文件输出，并在输电线路机巡数据分析应用平台中完成影像的镶嵌工作及展示。

1.2.6 DEM 高程数据拼接

利用点云数据提取线路走廊高程信息并进行拼接，形成通用 GIS 格式的文件输出，并在平台中结合历年数据构建云网输电线路通道信息。

1.2.7 点云数据建模

基于点云提取杆塔信息、导线弧垂等信息，构建与点云数据一致无偏差的输电线路模型，包含杆塔主体、绝缘子串、跳线、电力线、架空地线，并在平台中结合线路影像拼接数据、DEM 高程数据完成输电线路三维模型的展现。

1.2.8 多工况拟合分析

根据输电线路工程电气部分架线安装表的设计参数，结合气温、风速、覆冰等不同工况分析其对输电线路的影响。根据不同环境及参数设定，灵活组合实现多工况环境下拟合该导线安全距离检查、交叉跨越检查等相关的线路安全距离检测。

1.2.9 输电通道全景可视化分析

利用点云分类后数据与各类工况分析结果，按南网标准着色要求，展示分类点云；结合三维模型库、DEM 高程数据展示三维输电线路全貌；针对隐患点、杆塔、绝缘子等关键对象展示点云数据及影像资料、特殊通道统计分析、多工况拟合、三维基础测量、输电线路坐标校核展示等信息。

第 2 章　点云数据预处理

　　激光点云测量技术因其非接触、速度快和效率高等特点，广泛应用于逆向工程和遥感测量等领域。但在点云获取过程中，由于传感器误差和诸多外界干扰，生成的点云叠加了随机噪声和部分离群点，这些噪声严重影响了点云的后续处理操作。

　　由于测量环境、人员、设备精度等因素的影响，测量获取的点云数据中常含有大量的离群点，即噪声点，使得采集到的点云数据整体因可靠性低的问题无法直接应用，因此必须对所采集的初始点云数据进行降噪处理，为后续操作做准备。

　　噪点去除方法，已由最初应用于数字图像和信号处理，发展到如今应用于各种滤波器的设计中。在实际应用中，当需要对海量数据进行噪点处理时，常用的处理方法主要包括程序判断滤波和自适应滤波等，其中，由预测误差递推辨识与卡尔曼滤波相结合而产生的自适应滤波。

　　采用滤波去除噪点存在较多缺陷，因此，在反求工程中并不适用，主要有：数据点要求排列规则；在去除噪点时可能会有损失真实点；数据点要求具有单值性，即点 (x, y) 必须有唯一 z 值与其相对应。

　　在反求工程中，利用数据分析进行噪点去除是最简单的噪点去除方法，首先在图形中显示出明显噪点，然后将这些明显噪点从数据序列中除去。对于复杂曲面反求，这种方法不适用，原因是数据量大。还有其他一些噪点去除方法，如曲线检查法、弦高法和角度判断法等。

2.1　数据质量检查

2.1.1　数据质量检查方案的制定

　　每次进行输电线路三维激光作业扫描后，现场审查所采集的三维激光点云的数据质量，确保所采集的数据符合数据处理分析的要求。数据质量检查主要包括激光点云数据质量评价及可见光影像数据质量评价。

1. 点云数据质量评价内容

1）基于航带重叠区统计特征的点云数据相对精度评价

该算法是以采样点大小为变量的评价方法，即在平坦度（计算采样区域内 z 值的均方差作为近似值）为固定值的情况下，定义基本采样单元的大小，把整个重叠区域分成若干个采样区域，每个采样区域对应两个数据集，在保证点密度值大致相等的情况下，对数据子集进行统计分析（包括均值和方差），计算均值之差，得到每个采样区域的均值之差后，再求均值，并以均方差作为指标评定数据质量的标准。误差值独立于采样点面积大小，即不随着面积变化而变化，如果随之变化，则表示存在随机误差和系统误差。

2）点云数据密度评价

点云密度的评价较为简单，通过将整块数据对应区域化为若干个基元区域后，统计基元区域数据点的个数，再除以基元区域的面积得到点云密度，然后统计点云密度值，构建统计分布图和直方图。

点云密度的指标为平均密度和方差，用于整体评价点云数据的质量。一般而言，点云密度受地物的影响较大，从而可以判断密度值与点云高程的关系。

3）点云数据覆盖质量评价

点云覆盖是指检测漏洞的面积，在确定漏洞的比例指数后，统计漏洞的面积所占数据区域的比例，并比较指标值以确定数据质量的好坏。具体算法要依据之前统计的点云密度。计算得到点云密度的均值后，确定某一阈值（一般为均值减 3 倍的方差），统计密度值，若小于该阈值，则为漏洞。如此逐渐检测整个数据区域，然后将得到的漏洞面积累加，计算漏洞所占的比例。

2. 可见光影像数据质量评价内容

（1）空间参考系。

空间参考系检查包括检查大地基准、高程基准和地图投影三方面。

（2）精度。

精度检查主要检查影像点坐标中误差及相邻 DOM 图幅同名地物影像接边差。

（3）影像质量。

影像质量检查主要包括检查正射影像地面分辨率、数字正射影像图图幅裁切范围、色彩质量影像噪声、影像信息丢失等内容。

（4）逻辑一致性。

逻辑一致性检查主要包括检查数据文件的组织存储、数据格式、数据文件完整性和数据文件命名。

（5）附件质量。

附件质量检查主要包括检查元数据、质量检查记录、质量验收报告、技术总结的完整性及正确性。

2.1.2　主要数据质量问题及相关对策

1. 主要数据质量问题

（1）数据稀疏或缺失。

如图 2.1 所示，该类问题主要表现为输电线路数据密度不高、线路数据较为稀疏、部分数据出现断点或缺失情况。此类问题的发生主要受到环境干扰与遮挡，如距离较远与天气较差等情况。此类问题需要作业方人员检查扫描原始数据，若因原始数据有问题，则需重新扫描；若因预处理导致，则需作业方人员重新进行数据处理。

图 2.1　点云缺失典型案例

（2）照片亮度过低或不清晰。

如图 2.2 所示，部分可见光影像出现了无法分辨输电线路的情况。可见光影像为数据扫描期间相机自动拍摄的照片，受到环境与对焦问题的影响，导致部分可见光影像亮度不足，较为模糊。该类数据问题需要作业方人员重新提供输电线路的可见光数据。

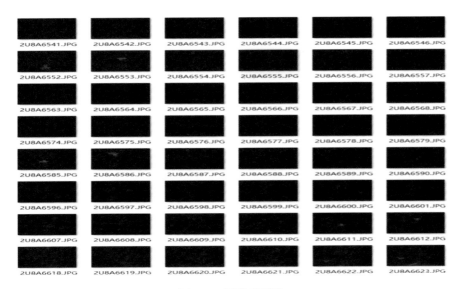

图 2.2 低照度影像

（3）杆塔数不符。

如图 2.3 所示，杆塔号一般为固定编号，机巡组预处理后分割文件，文件名包含该段数据的杆塔范围，少数会出现杆塔数与文件名描述数量不符的情况。此时应先与机巡组人员确认杆塔准确数量，文件名错误，则修改文件名，文件名未错误的情况下一般为杆塔改建、加塔或拆除了杆塔，导致实际杆塔数量变多或变少。如果因加塔导致，则需确认加塔位置，在标记杆塔的步骤标记加塔。如图 2.4 所示，112 号塔后两塔分别为 112 号塔的两个加塔。

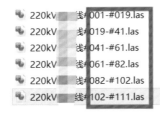

图 2.3 杆塔数缺失案例

（4）线路扭曲。

如图 2.5 所示，输电线路出现扭曲现象，与正常输电线路情况不符，此类数据问题一般因受到干扰导致，故需要作业方人员重新扫描输电线路，保证输电线路不存在弯曲情况，并重新提供预处理数据。

图 2.4　加塔导致杆塔数不符

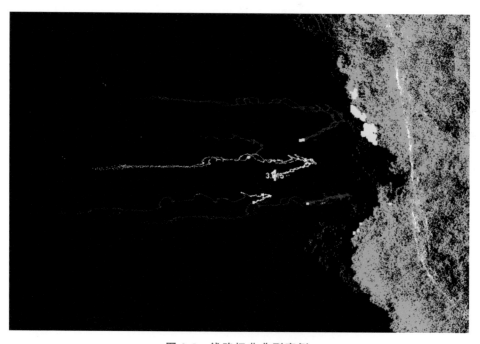

图 2.5　线路扭曲典型案例

（5）噪点较多。

如图 2.6 所示，噪点为数据扫描时生成的与周围无联系的数据点，一般独立存在。当存在大量噪点聚集情况时，需要作业方人员重新处理预处理数据，剔除数据中的噪点。

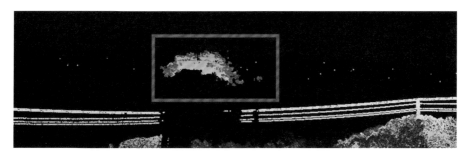

图 2.6 噪点去除

（6）线路拼接偏移。

输电线路的扫描数据是连续的，杆塔前后的输电线路是前后相连且不存在偏移的。如图 2.7 所示的这类数据问题一般发生在预处理文件前后两段数据文件的相连处。发生这类情况需要作业方重新拼预处理数据或使用原始数据重新生成预处理文件。

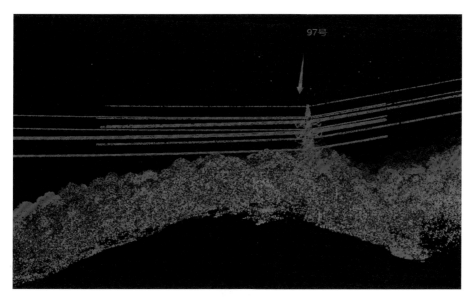

图 2.7 线路拼接偏移

（7）数据重影。

如图 2.8 所示，输电线路的一条电力线分裂成两条电力线，线路与杆塔均出现重影情况，数据重影影响后续数据分析工作。该类问题需要作业方人员对数据进行预处理，一般通过抽吸的方式减少点云密度。

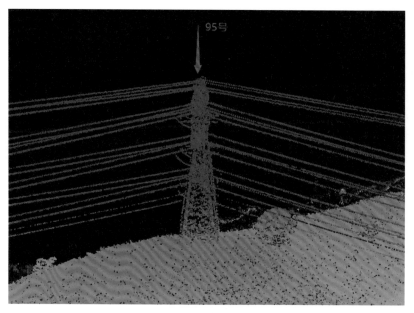

图 2.8　数据重影

（8）定位偏移。

点云数据带有定位信息，需要通过行政区和 LAS 文件的匹配确认定位信息是否偏移。如图 2.9 所示，这种情况需要联系作业方，重新处理原始数据生成新的 LAS 文件，无问题后才能进行后续的数据分析。

图 2.9　定位偏移

2. 相关对策

通过数据质量整改过程中发现的问题，针对以下四种情况，形成具体整改方案。

（1）同输电线路分成多架次扫描。

输电线路扫描计划由输电线路扫描机组人员制订，受到天气、申请航线、输电线路等因素的影响，导致同一条输电线路可能需要飞行多个架次，且间隔时间不同。受到环境影响，使得同一输电线路的不同架次的数据在相连处可能出现数据偏差情况。这种情况下需要作业方人员确认数据偏差原因，并进行修改，以保证输电线路扫描数据的准确性。

（2）设备维护参数变更。

作业方扫描输电线路电力线数据前都需要检查设备及其参数，一般情况下扫描参数固定，数据解析成 LAS 文件的参数随实际情况可能会有所变动。

（3）输电线路改建历史数据未更新。

输电线路并非固定不变，受到环境因素与技术条件等影响，输电线路可能存在改建情况，即增加新杆塔或拆除原杆塔，部分情况下输电线路的实际情况与输电线路的文档文件会存在偏差，只有作业方人员扫描时才能确认实际情况，进行核查后在扫描文件内附带情况说明，以说明具体情况。

（4）同起点或终点输电线路数据互相干扰。

输电线路起点与终点各有一变电站，但一般情况下变电站不仅仅只有一条输电线路，常存在多条输电线路。这种情况下，因输电线路间较为接近，会存在相互遮挡的情况，干扰扫描结果，导致数据较为稀疏。另外，当对两条输电线路的数据进行扫描时，因输电线路较为接近，可能存在数据重影的情况。这种情况需要输电线路的扫描机组人员确认，重新处理数据。

2.2　测量误差分析与噪声点的分布特性

2.2.1　测量误差项的方差检验

测距传感器的测量误差是影响三维激光扫描装置测量精度的主要因素。以 Acuity 公司生产的 AR2500 系列传感器为例，该系列传感器具有较高的采样速率，在 0.03 ~ 270 m 的测量范围内，具有较好的线性度。对于每一个样本点，估计值 d_i 为

$$d_i = \beta_0 + \beta_1 x_i + u_i , \ i = 1, 2, \cdots, n \tag{2.1}$$

其中，x_i 为测量值，u_i 为随机误差项。

图示法检验随机误差项的异方差性：

（1）对于每一个样本点 (x_i, d_i)，$i = 1, 2, \cdots, n$。绘制散点图，观察样本点的分布情况；采用最小二乘法进行线性拟合（见图 2.10）。

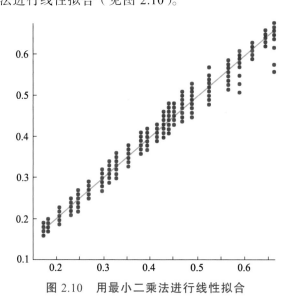

图 2.10　用最小二乘法进行线性拟合

（2）根据式（2.2）计算每一个样本点的偏差值，绘制偏差值与测量值之间的关系曲线（见图 2.11）。

$$u_i = \left\| \widehat{\beta_0} + \widehat{\beta_1} x_i - d_i \right\|^{(2)}, \quad i = 1, 2, \cdots, n \tag{2.2}$$

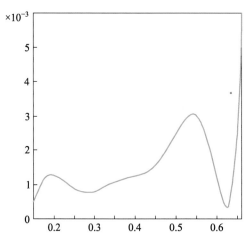

图 2.11　偏差值与测量值之间的关系曲线

异方差检验结果显示，传感器的随机测量误差随测量值呈现复杂非线性关系，这导致采用最小二乘法进行参数估计时，虽然仍具有无偏性，但不具有有效性和一致性，从而降低了模型精度。所以，点云预处理之前需要对传感器进行模型参数估计。

2.2.2 噪声点的分布特性

如图 2.12 所示，三维激光扫描装置以自身中心为坐标原点，通过测距和测角计算目标点相对原点的球面坐标系坐标，再通过坐标平移和变换得到不同坐标系下的坐标。这种结构装置能够获得丰富的场景数据，操作简单，精度高。

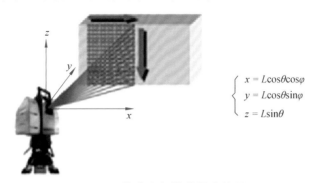

$$\begin{cases} x = L\cos\theta\cos\varphi \\ y = L\cos\theta\sin\varphi \\ z = L\sin\theta \end{cases}$$

图 2.12　三维激光扫描装置定位原理

在球面坐标系下考察点云。由于激光测距传感器随机测量误差的存在，采样点均匀分布在物体表面两侧，而对于单一点，其真实位置分布在测量点和原点的连线上，如图 2.13 所示。

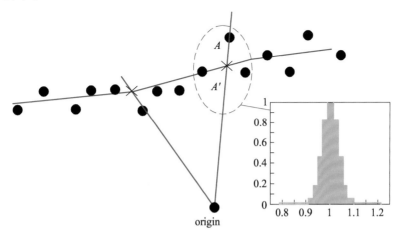

图 2.13　物体表面点云分布示意图

假设图 2.13 中的曲面是目标物体表面，根据扫描原理可知，真实点是测量点和原点的连线与曲面的交点，这种向拟合曲面投影的方法借助了扫描原理的先验知识。以 A 点为例，激光器在这个方向的每一次测量，A 点可能的位置分布如图 2.13 中频率直方图所示，期望位置为 A' 点，方差距离为 σ_A^2。

均匀分布在某个曲面两侧的点构成扫描数据的主体。由于随机测量噪声以及其他环境噪声的影响使其偏离实际位置，因此，它是一种小颗粒的噪声点，需要进行平滑处理。

实际上，由于视线遮挡、物体表面反射率剧烈变化等外界干扰，以及传感器发射激光照射到物体边界造成多次散射、光斑较大等扫描装饰内部因素，点云中往往出现一些偏离主体点较远的点，这些点是一种大颗粒的噪声点，称为离群点，如图 2.14 中圈住的物体边界部分的点。离群点大多数分布在物体边缘，向着扫描方向延伸，数量少且稀疏。

图 2.14　三维扫描结果

2.2.3　点云降噪处理方法

激光传感器线性回归模型，考虑一般的异方差线性模型：

$$Y = X\beta + u \ , \ \ E(u) = 0 \ , \ \ Cov(u^{\mathrm{T}}) = E(u^{\mathrm{T}}) = \sigma^2 w \qquad (2.3)$$

其中，权重对角阵 $w = \text{diag}(w_1, w_2, \cdots, w_n)$，设 $w = DD^{\text{T}}$，则：

$$D = \text{diag}(\sqrt{w_1}, \sqrt{w_2}, \cdots, \sqrt{w_n})$$

用 D^{-1} 乘以式（2.3）中第一式两侧，得到一个新的参数模型：

$$D^{-1}Y = D^{-1}X\beta + D^{-1}u \Rightarrow Y^* = X^*\beta + u^* \qquad (2.4)$$

式（2.4）具有同方差性，因为：

$$
\begin{aligned}
E(u^* u^{*\text{T}}) &= E(D^{-1}uu^{\text{T}}D^{-1^{\text{T}}}) = D^{-1}E(uu^{\text{T}})(D^{-1})^{\text{T}} \\
&= D^{-1}\sigma^2 w D^{-1^{\text{T}}} = D^{-1}\sigma^2 DD^{\text{T}}(D^{-1})^{\text{T}} = \sigma^2 I
\end{aligned}
\qquad (2.5)
$$

将传感器异方差模型式（2.5）转换成同方差模型：

$$\frac{1}{\sigma_i}d_i = \frac{1}{\sigma_i}\beta_0 + \frac{1}{\sigma_i}\beta_1 x_i + \frac{1}{\sigma_i}u_1 \Rightarrow f(x_i)d_i = f(x_i)\beta_0 + f(x_i)\beta_1 x_i + ui^*$$

$$i = 1, 2, \cdots, n \qquad (2.6)$$

式中，$f(x_i)$ 是随观测值变化的偏差值，可由最小二乘法近似获得。传感器的异方差模型参数估计步骤如下：

（1）选择最小二乘法估计原模型，得到随机误差项的近似估计量，建立 $1/e_i$ 序列。

（2）以 $1/e_i$ 为权重，选择加权最小二乘法估计得到参数估计量。

2.2.4 基本局部特征的离群点识别

本质上，离群点识别是一个二分类问题：主体点和离群点存在一些可辨别的特征，通过这些特征将其分开。由噪声点分析可知，离群点大多分布在物体的边缘，数量少且稀疏，可通过检测点云的局部密度对这些点进行分类。

定义点云局部离散度 LSC（Local Scatter Coefficient）：

$$LSC(P_i) = \frac{1}{K-1}\sum_{j \neq i}^{K}\left\| P_j - P_i \right\|^{(1)}, \quad j = 1, 2, \cdots, K \qquad (2.7)$$

$LSC(P_i)$ 大小与点 P_i 邻域（选取 K 近邻）的局部密度负相关：若离群点的分布稀疏，则 LSC 值较大。统计点云的整体分布特性，估计一个阈值 σ，当 $LSC(P_i) > \sigma$，判定为离群点。

$$\sigma = \sqrt{\frac{1}{N-1}\sum_{i}^{N}\left\|LSC(P_i)-\overline{LSC}\right\|^{(2)}} \ , \ i=1,2,\cdots,N \tag{2.8}$$

上述分类方法采用单一特征，对处在物体边缘的点以及散乱分布但密度并不小的点（光束多次散射造成的团状点云），无法正确区分。所以，根据这些离散点的分布特征，定义点云局部变化率 LSV（Local Surface Variation）：

$$\boldsymbol{C}^{3\times3} = \sum_{i}^{K}(P_i-\overline{P})(P_i-\overline{P})^{\mathrm{T}}, \quad P=\frac{1}{K}\sum_{i}^{K}P_i, \quad i=1,2,\cdots,K \tag{2.9}$$

$$LSV = \frac{\lambda_0}{\lambda_0+\lambda_1+\lambda_2} \tag{2.10}$$

式（2.10）利用主成分分析（PCA）获得局部区域点的协方差矩阵 $\boldsymbol{C}^{3\times3}$。$\boldsymbol{C}^{3\times3}$ 的三个特征向量构成了新的空间坐标基，对应的特征值从小到大分别为 $(\lambda_0, \lambda_1, \lambda_2)$，则局部区域的变换率 LSV 如式（2.10）所示。$\boldsymbol{C}^{3\times3}$ 的对称矩阵，其三个特征值均为正值，所以 $LSV \in \left(0,\frac{1}{3}\right]$。$LSV$ 越小，则局部区域点越分布在一个平面上；LSV 越大，则区域点分布越杂乱。

$$定义 \ (xyz)^{\mathrm{T}} \to (LSC \ LSV)^{\mathrm{T}} \tag{2.11}$$

三维空间中的点映射到特征空间，如图 2.15 所示，黑色的分类决策直线将特征平面分为两部分：

（1）左下部分的点分布密集，局部区域变化越大的点，其邻域密度越大，这是物体表面特征较为明显的地方。

（2）右上部分的点分布相对稀疏，有一类点分布较为密集且局部区域较大的点就是上述分析中提到的小团的离散点。

如图 2.15 所示，特征平面的划分直线即为所求的线性分类函数。分类决策函数 $F(P_i)$ 依据点云数据的两个局部特征的统计特性获得：

$$F(P_i) = LSV_{\max} - \frac{LSV_{\max}-\overline{LSV}-\sigma(LSV)}{LSC+\sigma(LSC)}LSC_i - LSV_i \tag{2.12}$$

其中，$\overline{LSC} = Mean(LSC_i), \sigma(LSC) = \sqrt{Var(LSC_i)}$。

原始点云   特征空间平面

图 2.15 特征提取

则分类决策如下：

$$\theta_i = \begin{cases} F(P_i) \geqslant 0 & P_i \in \{Principals\} \\ F(P_i) < 0 & P_i \in \{Outliers\} \end{cases} \tag{2.13}$$

2.2.5 基于先验知识的点云平滑处理

点云平滑处理的目的是选用某种算法，利用采样得到的点，最大限度地逼近物体的真实表面。对于三维激光扫描结构和扫描原理，采样主体点的分布具有一些特殊性：测量点的期望位置位于测量点和原点的连线上。这个特殊性即先验知识，设计算法的目的是让测量点沿着连线向期望的位置移动。

非结构化的散乱点云数据处理的一个基本指导思想是局部化处理。点云平滑处理的第一步是建立局部区域的线性拟合。考虑三维空间中一小块区域的 K 个点，假设这些点拟合得到的平面方程为

$$z = \boldsymbol{\beta}^{\mathrm{T}} \boldsymbol{X} = \beta_1 + \beta_{2x} + \beta_{3y} \tag{2.14}$$

如果以偏差平方的最小作为拟合准则，则可采用经典的最小二乘法处理。然而实际情况是希望距离局部区域中心越近的点，其平方误差占有的比重越大，这样拟合的结果越趋于使得局部区域中心点到拟合平面的平方误差变小。平面拟合的准则是使式（2.14）的值最小：

$$\sigma = \min \left\{ \sum_{i}^{k} w^2(x_i, y_i)[z_i - (\beta_i + \beta_2 x_i + \beta_3 y_i)]^2 \right\} \tag{2.15}$$

$$w(x_i, y_i) = \exp(-k d_{ij}^2 / \overline{d^2}) d_{ij}^2 = \left\| P_{ij} - \overline{P} \right\|^2 \tag{2.16}$$

式中，$w(x_i, y_i)$ 是平方误差的权重函数，为径向基函数。

测量点期望位置的估计值由过原点的直线（先验知识）和上述局部点拟合平面相交而得。算法比一般的插值法更准确，其本身并不需要增加多余的点，而仅是移动原本的测量点。因为观测点期望位置的一个维度已知，这种移动总是朝着真实位置的方向。

$$\begin{cases} -\beta_2 x - \beta_3 y + z = \beta \\ y_i x - x_i y = 0 \\ z_i x - x_i z = 0 \end{cases} \quad \Leftrightarrow \quad \boldsymbol{AX} = \boldsymbol{\beta}$$

$$\boldsymbol{A} = \begin{pmatrix} -\beta_2 & -\beta_3 & 1 \\ y_i & -x_i & 0 \\ z_i & 0 & -x_i \end{pmatrix}, \quad \boldsymbol{\beta} = \begin{pmatrix} \beta_1 \\ 0 \\ 0 \end{pmatrix} \tag{2.17}$$

解线性方程组式（2.17），则 $\boldsymbol{P}_i' = \boldsymbol{X}_i = (x_i' \ y_i' \ z_i')^{\mathrm{T}}$ 是观测点 $\boldsymbol{P}_i = (x_i \ y_i \ z_i)^{\mathrm{T}}$ 期望位置的估计。若系数矩阵 $\boldsymbol{A}$ 为奇异矩阵，局部拟和平面的法线与先验连线垂直，则舍弃测量点 P_i。

基于小颗粒噪声点分布特性的平滑处理方法的步骤可归纳为：

（1）建立 KdTree（K 维空间划分树），输入点云，为快速寻找 K 近邻做准备。

（2）根据式（2.17）的准则，依据 P_i 的 K 近邻域线性拟合。

由式（2.17）计算出 P_i 期望位置的估计 P_i'，P_i' 取代 P_i 作为处理后的点云中的点。

2.2.6　点云数据去噪处理

在数据采集过程中往往会出现一些未被注意到或难以察觉的异常情况，例如，试验条件的突然变化、测试仪表发生某种故障、观测人员的疏忽大意等，都会使得数据中不可避免地含有或多或少的异常值。这些异常值会使模型及参数辨识结果发生较大的变化，导致不合理的其至完全错误的结论。数据分析的准确度主要取决于数据质量，为保证数据的质量，必须对数据进行去噪处理。数据去噪主要包含噪声识别、噪声消除两个方面的内容。

2.2.6.1　基于图像处理的滤波去噪方法

扫描的点云数据在组织形式上是二维的，针对这一特点，可借鉴几种二维图像处理的滤波方法。在图像处理中，滤波处理的是每个像素的像素值，而对扫描型的点云过滤是处理每个点的 x, y, z 坐标值。此种类型的点云数据可选择平滑滤波，这是借鉴了数字图像处理中的概念，将所获得的数据点视为二维图像中的象元，即将数据点的值作为图像中像素点的灰度值对待。对于扫描线型的点云数据，常用的去噪方法有均值滤波、中值滤波等。

二维图像中的均值滤波是取滤波窗口灰度值序列中的统计平均值来代替窗口中心所对应像素的灰度。实际上，均值滤波除了会使数据趋于平坦，变得平滑，也存在使模型表面细节丢失的倾向。对此，可通过调整参数的取值，在细节保留与滤波效果之间达到平衡。把均值滤波应用到三维的扫描线点云数据过滤时，常先将扫描线数据进行分行，然后对每一行数据分别进行滤波处理：假设此行的点数是 m，则对第 2 至 $(m-1)$ 个点进行数据点平滑，即对曲线上的第 p 个数据点，直接用其两个相邻点和自身坐标的平均值取代第 p 个数据点的坐标。

二维图像中的中值滤波是先取滤波窗口灰度值序列中间的灰度值作为中值，用其代替窗口中心所对应像素的灰度。把它应用到三维点云中处理时，可在点云数据上滑动一个含有奇数个点的窗口，对该窗口所覆盖点的坐标值按大小进行排序，处在坐标值序列中间的那个坐标值称为中值点，用其代替窗口中心的点。常用于消除随机脉冲噪声中值滤波的是一种有效的非线性滤波，它不仅可有效地去除毛刺数据及大幅度噪声数据的影响，还能很好地保持模型的细节特征。

2.2.6.2　基于包围盒的去噪方法

该方法的基本思想是：设定原始点云数据集 P，分别找到其在坐标轴 x、y、z 三个方向上的最大值 x_{max}、y_{max}、z_{max} 和最小值 x_{min}、y_{min}、z_{min}。根据三个方向坐标的最值建立平行于坐标轴的最小包围盒 A。然后设定一个适当的阈值 L，从而将包围盒分割为 $m \times n \times l$ 个平行的小立方体。将点云数据中所有的点划分给这些小立方体，每一个含有数据点的小立方体和其周围26个相邻立方体中包含有数据点的立方体即可划为在同一连通域中。在去噪的过程中，通过找到一个含有最多小立方体的连通域将其选为要保留的数据点集。去除游离于连通域之外的数据点集，即可成功删除孤立点。参数 L 值的大小要根据点云数据的密度确定，选值太大则不能成功删除周围的杂散点；选值太小则会删除过多的有用点。

2.2.6.3　噪点的识别、消除步骤

1. 噪点识别步骤

（1）建立系统接入数据的原生数据管理功能，梳理原生数据数据项合理性的判断规则，并进行固化。

（2）针对数据项的合理性判断规则，配置对应的数据噪点消除策略。

（3）实现数据噪点识别引擎，基于数据项合理性判断规则（数据阈值、数据趋势变化率、空值判断、相关性判断等），执行数据合理性判断规则，最终识别噪点数据。

（4）针对专项核心数据，选取一段时间的历史数据提取数据特征点，总结合理数据的趋势变化情况、数据分布情况等特征，固化数据特征提取算法，为噪点消除提供依据。

2. 噪点消除步骤

根据数据噪点识别引擎过滤出的噪声数据，按照数据项管理中配置的噪点消除策略，对噪点数据进行去噪处理，主要包含噪点数据删除、噪点数据合理化造型、缺失数据补充、相关性数据补充等策略。

3. 去噪处理分析成果展示

在采集原始 LiDAR 数据时，由于天气、飞行速度等因素影响，激光雷达设备会采集到大量作业环境中灰尘、飞虫等无效数据，这些数据将会造成隐患点误判的问题，影响数据分析的准确性。在数据分类处理前需通过技术手段快速对数据进行去噪处理。

（1）原始数据中有噪点的 LiDAR 数据如图 2.16 所示。

图 2.16　点云数据离散点示意图

（2）此类垃圾数据如不处理，在后续分析过程中，会在与通道中各分类数据进行对比时因安全距离不足误判为隐患点，如图 2.17 所示。

图 2.17　离散点风险误判示意图

（3）利用实时数据去噪技术处理后，保留有效的线路信息和通道数据，为数据分类和检测分析提供准确的基础数据。如图 2.18 所示为去噪处理后的 LiDAR 数据。

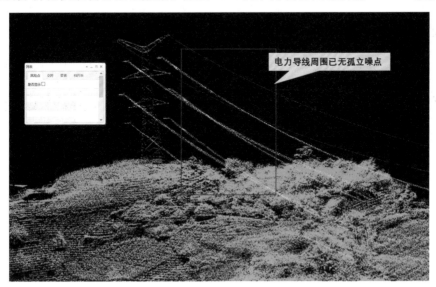

图 2.18　去噪后点云数据示意图

2.3 点云数据剪裁与精简

2.3.1 点云数据剪裁

尽管激光雷达扫描是按扇形区域扫描，但受到地势起伏的影响，输出的点云数据边界并不规则，如图 2.19 所示；且因采集时为避免遗漏，需要设置较大的扫描角度，导致扫描形成的数据除包含线线区域外，还含有较多的无用信息。

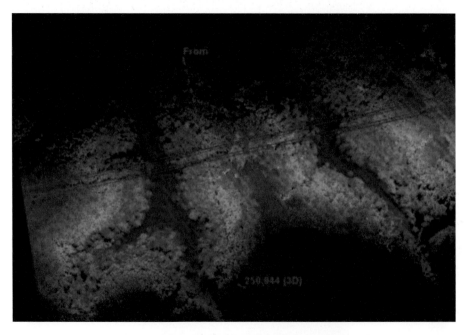

图 2.19 激光雷达扫描形成的原始点云数据

按扫描角度 90°、飞行高度 100 m 核算，扫描形成的通道宽度达到 300 m，则输出的数据中，有用信息仅占 50%。按直升机班组日典型作业量 100 km、每千米输出点云数据 1 GB 核算，单个机组日产出数据量达到 100 GB。如果全部储存下来，对后续处理速度和硬盘空间都会带来极大的压力。因此，为有效控制数据大小，在遵循云南电网通道宽度左右各 100 m 的前提下，对激光点云数据按通道方式进行剪裁以降低数据大小，从而提升有用信息占比，如图 2.20 所示。

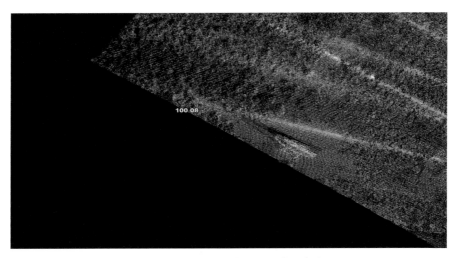

图 2.20　按通道剪裁后激光点云数据

2.3.2　点云数据精简

1. 基于曲率的精简方法

曲率是曲线曲面研究领域中常用于表征曲线或曲面形状变化的特征量，根据曲率的突变，可提取曲面上的精细结构。采样点的曲率越大，该点所在局部曲面越有可能是被测物体的尖锐特征；采样区域的曲率变化越大，往往包含着重要的特征信息。基于曲率精简方法的基本思路是先求得各数据点的曲率，再根据曲率精简原则进行精简。常用的曲率精简原则是：曲率小的区域保留少量的点，曲率变化大的区域保留多的点。即根据曲率大小，将曲率值划分为多个区间，对应各个区间设定不同的偏差 ε。在某一曲率区间内，设曲率偏差为 ε，点 P_j 对于基准点 P_i，如果满足 $|H_i - H_j| \leqslant \varepsilon$：其中，$H_j$、$H_i$ 分别是 P_j、P_i 的平均曲率，则删掉 P_j 点；反之保留 P_j 点，并以 P_j 点为基准点，重复以上过程。该方法不仅能较准确地保留模型的曲面特征，而且能有效减少数据点。其算法流程如图 2.21 所示。

除了选择曲率进行数据精简外，在实际应用中，也常采用反映曲率变化的特征参数作为精简数据的判别依据，如最小距离法、角度偏差法等。最小距离法一般针对扫描线型的点云数据，其基本思路是：先设定一个最小距离，然后沿扫描线方向顺序比较相邻两点间的距离，若此距离小于设定的最小距离，则把后一个比较点记录下来，依次判断所有扫描点，最后根据实际情况判断这些记录点是否需要剔除。

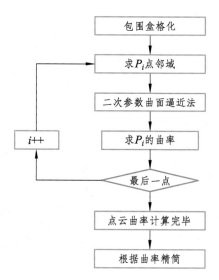

图 2.21　基于曲率的精简方法

还有一种常用的精简方法是角度偏差法，其原理是：选择点云曲面上的连续点，每相邻的两个点构成一个有向矢量，依据相邻矢量间的角度偏差反映了截面上点的曲率变化，这样可以通过角度偏差来精简点云。

2. 基于包围盒的精简方法

包围盒算法是通过包围盒约束点云数据，将所有的点云数据包含在一个大包围盒中，然后将其分解成若干个均匀大小的小包围盒，在每个包围盒中选取距离包围盒中心最近的点代替整个包围盒中的点。该方法获得点云数据的个数实际上等于包围盒的个数，这对获取均匀的点云具有一定的效果。但由于包围盒的大小由用户任意规定，具有随机性，无法保证所构建的曲面模型与原始点云数据之间的精度。因此，又有人提出了基于平均点距的方法。即根据点云密度的精简准则：在有限的空间内，点云的密度越大，则点与点间的平均距离就越小，可以通过比较在有限空间内点与点之间的平均距离值来判断点云的密度大小，从而决定是否需要删除多余的数据点。算法如下：

（1）用户定义采样立方体栅格的边长 a 和预精简数据点百分比两个参数。

（2）定义以任意一点 M 为中心、边长为 a 的采样立方体，栅格内其他数据点点集为 N，分别计算点 M 到点集 N 内任一点的距离。

（3）将所有距离相加，求出平均点距值。

（4）对所有数据点实施上述计算，平均点距值较小的点是可能被删除的数据点。根据用户定义的精简百分比，从而实现数据点云的精简。

该方法适用于曲面显著特征较少、曲率变化较平缓的情况。此方法的优点是可精简散乱的数据点云，且简化速度快捷。缺点是由于必须重复计算数据点之间的距离，因此较为耗时。对于一些重要的过渡区域，必须保留更多的数据点时，该方法可能导致重要数据点的流失。

3. 基于聚类的精简方法

点云简化算法的基本要求有：缩小规模，消除冗余；保持模型挡体特征；突出关键特征，如棱边、夹角、凸台、凹陷等；保留重要信息，如面与面的过渡区域、高曲率区域等。基于曲率的精简方法是在大曲率区域保留多的点，降低简化率，而对小曲率区域提高简化率，使该区域的数据点保留适当的密度。这种精简方法只根据曲率决定简化率的大小，如果控制不好简化率，会造成数据精简不均匀。基于包围盒的精简方法是删除小立方体栅格中的多余点，仅留一点，其特点是对整个点云数据采用相同简化率进行简化，这种方法势必会造成高曲率的区域精简效果不明显，低曲率的区域数据精简过度。

总之，传统的简化算法大多不注重对被测物体形状信息的保留，本书采用了一种基于聚类分析的简化算法，即按照聚类的思想，先将点云数据中彼此相似的离散点聚合起来，形成不同的类；然后针对每个子类，根据几何相似性及其他特征信息，设置不同的简化率来简化数据，由此保持了模型的显著特征，其流程示意图如图2.22所示。该算法步骤如下：

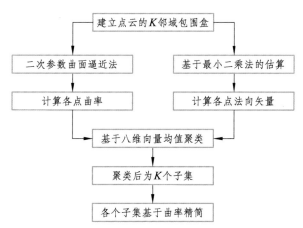

图 2.22　聚类的精简方法流程示意图

（1）采用基于八维向量的均值聚类分割算法，将点云数据聚类分割为 k 个类，将点云分割成多个互不相交的子集，使每个子集内的点具有相似性。

（2）对各个子集分别采用基于曲率的精简方法。对于每个子集，根据曲率大小，将曲率值划分为多个区间，并针对各个不同区间设定不同的偏差 ε。

该算法是根据点间的几何相似性设置不同的简化率，对于平坦区域设置的简化率，可以大量简化；在高曲率区域则集中更多点，降低简化带来的形状损失；对于具有重大工程意义但曲面形状较平坦的区域，或者在设计者所需的关键形状特征处则尽量保留点，避免工程或设计特征的损失。

第3章 点云数据分类

机载 LiDAR 数据的后处理是点云数据研究的重要任务。如何从高密度的点云数据中进行信息提取是生成各种测绘产品的前提，而点云数据分类又为信息提取的关键步骤。原始的 LiDAR 点云包含地形表面、植被、建筑物以及其他自然和人造地物。不同的地物类型需要不同的建模、分析和可视化方法，因此，在运用算法对原始 LiDAR 数据进行处理之前，需要将 LiDAR 数据分成互不相交的类别。准确提取类别信息，可为后续的三维通道建模以及目标识别等工作提供数据基础。业内点云数据分类工作暂无法在没有辅助数据的情况下单独对 LiDAR 数据实现精准分类，主要原因为：首先，尽管 LiDAR 点云数据与数字影像相比有着明显的优势，且点云数据的分辨率也在不断提高，但物体的分辨率仍低于可见光影像数据的分辨率。其次，机载 LiDAR 点云数据的某些特征信息具有不稳定性，例如，用于陆地测量的机载 LiDAR 的激光脉冲波长一般为 1 040～1 060 nm，如测量时恰好位于河流、湖泊等没有回波信息的区域，或某些建筑物顶部等，也会导致激光脚点密度较低。对于这些特定的地物目标，如果没有辅助数据的支持，其分类难度将大大增加，从而产生点云数据滤波及分类涉及的地物模式识别和提取问题。通过对 LiDAR 点云数据分类的深入研究，为解决上述问题，采用在激光点云数据分类时以激光点云数据为主、以可见光数据或其他类型数据为辅多种数据源结合分析的方法，结合多年对电网业务的深入理解，利用已分析过的大量激光点云分类数据，构建点云数据分类样本库，进一步提高数据的分类精度和稳定性，满足快速分类及精细化分类工作的时效性要求。

3.1 分类原理及算法

3.1.1 多源数据融合的意义

随着科学技术的迅猛发展，数据融合使得人们在军事、工业等领域所面临的海量数据、信息超载等问题日渐突出，此时需要新的技术途径对各种信息进行消化、解译和评估，因此数据融合逐渐引起了人们的关注，该技术的研究和应用已成为实现多源信息有效处理且非常活跃的领域之一。数据融合的本质是一种多源信息综合和处理技术。数据融合是根据一定的规则，将信息分析、结合为一个全面的情报，并在此基础上为用户提供所需要的信息。简单地说，数据融合的基本目的就是通过组合，获得比任何单个输入数据元素更多的信息。

多源遥感信息数据融合的对象不局限于传感器输出的信号，也不局限于方法、技术和系统结构，它是将同一环境或对象的多源信息数据综合的方法和工具，以获得满足特定应用的高质量信息，产生比单一信源更精确、完全、可靠的估计和判决。其目的可概括为：提高影像空间分辨率、增强目标特征、提高不同传感器数据的地物分类精度、动态监测以及不同数据类型的信息互补。

3.1.2　点云与影像数据融合分类的概念

多源信息数据融合的数据源可来自各个系统，既可以是同一个系统的数据，也可以是不同系统的数据。而 LiDAR 点云和影像数据相比，它们既是来自不同传感器的数据，也是两种完全不同类型的数据。两种数据之间的融合分类可充分利用两种不同数据的特点及优势为数据分类提供更可靠全面的分类依据，那么这种融合作为数据分类的中间过程，可直接把两种数据源特征进行简单加权参与到数据分类过程中，以获得分类结果，如图 3.1 所示。

图 3.1　点云与影像数据融合

3.1.3　激光点云数据分类原理

1. 点云数据的基本特点

激光点云数据不仅包括目标点的 x、y、z 三维坐标信息，还包括目标点的一次、二次回波强度信息，这样丰富的信息为目标场景的三维重建提供了很好的支撑。通常，对激光点云进行格网化可得到高精度的数字表面模型 DTM，而对于进行分类后的激光点云，进行格网化便可得到高精度的数字高程模型 DEM，若再采用同步获取的航片对激光点云进行伪彩着色后，则可达到更形象直观的效果。

激光点云数据一般具有离散性、盲目性和不均匀性等显著特点。其中，离散性是指点云数据的位置、间隔等在三维空间中呈现的不规则分布，特别是同一平面坐标上可以有几个高程值同时存在；盲目性是指雷达扫描的激光脚点不一定在复杂地形或密集地物的特征点上；不均匀性是指不同平面坐标位置处的激光光斑密度不同。因而，在进行激光点云数据的后续处理时，需要结合其三个特点选择合适的分类算法。

2. 点云数据的分类原理

基于高精度、高密集的激光点云数据进行地物的提取和三维重建，首要的任务是对扫描测量到的激光脚点点云进行分类处理。对于地物脚点系列，需区分出人工地物脚点和自然地物脚点，比如房屋或植被；对于地表脚点系列，需区分出天然形成脚点和人工构建脚点，比如高速公路和江河湖泊。这就是所谓的激光点云数据分类。

点云数据的分类主要取决于被测区域的地形分布复杂程度或地物覆盖密集程度以及扫描激光脚点的密度。特别是地形复杂或地物密集的区域点数据的分类尤为困难，往往很难区分出陡然起伏的地形表面的不连续性和密集地物引起的不连续性。

因而，设计出一套可用于各种场景地物的激光点云数据的智能化分类处理的高效算法是激光点云数据处理领域的关键所在。为此，近年来国内外许多学者对此做出了大量的研究，提出了很多方便实用的算法。目前，开发的分类算法主要根据点云数据是否经过内插而被归结为两类：经内插成规则网的一类算法较为多见，而未经内插直接应用于点云数据的一类算法则较为少见。

3.1.4 激光点云分类算法

1. 基于脚点高程和强度信息的 K 均值分类算法

当前，一些激光雷达测量系统不仅能够提供数据脚点的高程信息，还可同时为处理点云数据地表物的精确分类提供更可靠的保证。为此，国外许多学者提出了融合激光脚点的高程数据和回波强度数据信息，采用 K 均值聚类法来分类云数据的算法（高程特征、强度特征），并应用了高程数据或强度数据的平均值和标准差。首先，基于脚点的高程信息，采用 K 均值聚类法将点云数据简要分成三大类：高层地物（建筑物、树木）、低层地物（草地、灌木）和地面点。其次，基于脚点的强度信息，采用 K 均值聚类法将同一高度层面上的地物点区分开，比如房屋和四周树木、马路街道和道路两边的草地等。

该分类算法是基于一个固定大小的局部领域窗口进行聚类，尤其适用于地面点稀疏的密集植被覆盖区域，能够处理密集植被覆盖的陡坡和高山区域等，不存在选择领域窗口大小的难题。此外，K 均值聚类法还可通过更改聚类特征空间（高程特征、强度特征）或者更多维的特征属性，对多种场景下的点云数据进行更精确的分类。目前，该算法已用于城区激光点云数据的分类提取建筑物脚点中。实验证明，该算法的可行性和稳健性好，对点云数据的分类结果可为后续建筑物的三维建模提供很好的支撑。

2. 基于高程纹理的各向异性的分类算法

激光点云数据提供了每个激光脚点的高程信息，不同物体或同一物体的不同部分在某个局部范围内的高程变化形成的高程起伏，是识别不同地物的重要特征。这些高程起伏即所谓的高程纹理，反映出不同地物表面或同一地物不同部位处的重要特征信息。因为人工地物和自然地物的高程纹理的表现特征是不一样的，所以可利用高程纹理的各向异性的不同特性分类出高出地面的地物，如房屋等人工地物或树木等自然地物。

除此之外，高程纹理还有基于原始高程数据、高程差或地形坡度等定义方式。比如，基于高程差的高程纹理分类点云数据算法的原理，将像素周围一定窗口范围内高程的最大值和最小值进行差值，而后再根据差值结果进行判断，如果是草地、树木等自然地物，其差值必定悬殊；如果是马路、建筑物等人工地物，那么其差值一般接近于零，由此，不同类型的地物便可被较好地区分。

基于高程纹理的各向差异特征进行点云数据的分类方法，虽然计算简单，但要求激光点云数据必须具有一定的密度。此外，该方法需要内插成规则格网，所以不可避免会引入内插误差。

3. 基于尺度空间和小波变换的分类算法分割

由于地物在水平方向上的各自尺度空间往往不同，不同的人工地物或自然地物在同一水平高度的各向尺度空间差异很大，因此，利用地物各自横向空间尺度的差异来实现不同地物点云数据的分类便成为可能。为此，国外许多学者提出小波变换和尺度空间理论相结合的算法用于点云数据的分类。

基于小波变换的方法分类激光点云数据主要是基于外形和尺寸特征。一般情况下，城区人造地物和自然地物的尺寸相差甚远，区分较容易；而森林区域的林木等自然地物在外形和尺寸方面相差不大，很难进行区分。因此，基于尺度空间的小波变换分类算法非常适用于城区内人造地物的分类提取，不适用于森林的自然地物分类。此外，小波变换方法应用在该算法中会导致分类计算量较大。

4. 基于数学形态法的分类算法

数学形态学的点云分类原理主要是基于"结构元"窗口分析的基本运算，包括腐蚀运算、膨胀运算、开运算以及闭运算。其中，开运算能有效剔除窗口中突出的地形，可较为方便地从地面点中分离出建筑物和植被等地物点信息。该算法主要是通过选定某一定大小的"结构元窗口"对其内点进行过滤，默认窗口内最低点以及高于该点的一定范围内的点为地面点，并通过自回归运算对这些点进行检验和优化。

形态学分类法的优势在于计算耗时短，提取地物信息容易；缺陷是需要一个先验的地形知识，难以完整保留地面点信息，对陡坡和突变边缘的检测能力较差。使用形态学分类点云数据的关键难点在于如何根据实际操作的区域调整"结构元"窗口大小，在分离出更多的地物点信息的同时，保留更完整的地面点特征。

3.1.5　激光点云数据分类作业流程

通过数据质量检查后首先对点云数据进行剪裁、去噪、平滑、精简处理来减少激光点云数据，以优化激光点云数据质量，再按通道方式剪裁激光点云数据，获取杆塔特征，开展点云数据切挡处理，最终利用多源数据融合技术开展智能样本训练，配合人工精细化干预，按行程快速分类及精细化分类工作，如图 3.2 所示。

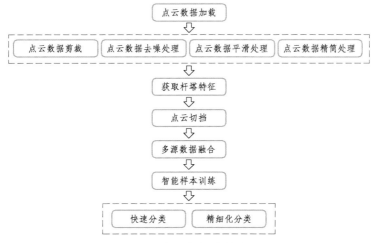

图 3.2　点云数据分类流程

3.1.6　点云数据分挡

分挡处理是对激光点云按挡或耐张段切分成多段点云，是一种加速数据处理和分析速度的方式。为提升快速的展示效率，将点云数据按照运行管理的最小单位"挡"或者"耐张段"分割为多个小文件，可有效加快数据处理速度，且兼顾了管理的便利性。

点云加载过程，也有使用 LoD（Levels of Details）技术，分层加载数据实现大规模数据快速展示的方法。这种方法通过预先对原始数据进行分层处理，根据展示的比例尺按需加载所需细节的点云，可减少数据读取和内存占用消耗。但预处理过程相当于增大了存储开销，同时仍无法解决大数据量文件的处理分析问题。

3.2　点云数据提取技术

要实现机载 LiDAR 点云数据和遥感影像数据的融合分类，并得到较高的分类精度，从模式识别的角度来看，必须首先解决两种数据源的特征提取与选择问题。

由于机载 LiDAR 数据是一种新型的遥感数据，无论是影像辅助下的点云分类，还是点云辅助下的影像分类，LiDAR 数据特征都起着至关重要的作用。LiDAR 点云数据特征分为两个部分：一部分来自点云自身特征，可称作直接特征，比如高程、多重回波和强度信息，这部分信息通常可直接从点云数据中直接读取（比如 las 格式），提取过程相对简单；另一部分特征来自 LiDAR 数据的衍生特征，也可称作间接特征，这部分信息主要是指从点云数据中提取的局部统计特征。

3.2.1　点云特征描述

点云空间特征：点云的空间几何信息是点云的典型必要特征信息。

反射强度信息：不同的地物、不同的入射角度、不同的距离等因素导致反射强度不一致。

光谱信息：与可见光影像配准后，点云具有光谱信息。

几何衍生信息：法向量、曲率、骨架、特征变化系数等特征。

分割后的拓扑与语义特征：具体如图 3.3 所示。

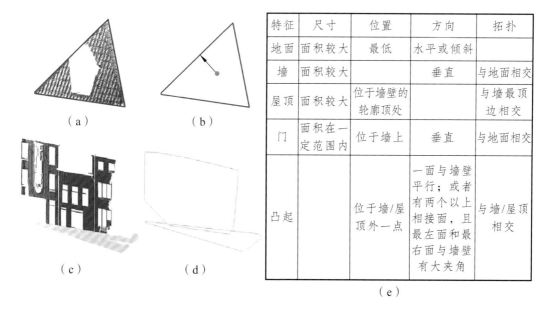

图 3.3　分割后的拓扑与语义特征示意图及情况分析

（1）不同的特征构成一个多维随机变量 X，称为分类特征向量，特征向量所在的域称为特征空间 $X = [x_1, x_2, \cdots, x_n]^T$

（2）不同的地物类别在特征空间会表现出上述不同的特征。

（3）利用分类特征向量对点云进行分类。

不同类别地物在特征空间的聚类通常使用特征点分布的概率密度函数表示。

3.2.2　点云特征提取难点

1. 点云具有无序性

受采集设施及空间坐标系的影响，物体运用不同的设施扫描或在不同的地点扫描，点云数据的次序都会大不相同，所以不容易直接经过模型对其进行相关处理。

2. 点云具有稀疏性

在自动驾驶和机器人的场景当中，雷达激光采样点的覆盖尺度相对于场景的所有尺度来说，具有非常大的稀疏性。在 KITTI 数据集中，如果把未经过加工处理的雷达激光点云映射到相应的彩色图片上，大约仅有 4% 的像素有相对应的雷达点。因此，基于点云数据的分类和语义感知成为待解决的难题。

3. 点云信息量有限

点云的数据结构是由一些三维空间的点的坐标构成的点集，实质上是对三维几何形态的弱分辨率的重采样，所以仅能得到比较少的几何信息。

3.2.3　点云直接特征提取

1. 归一化高度（NH）

归一化高度（Normalized Height，NH）描述的是地物相对于地表而言的绝对高度。机载 LiDAR 系统能够直接获取地球表面的高程信息，即 DSM（Digital Surface Model）。DSM 包括地面点以及非地面点，并不能直接反映地物的绝对高度特征，要想获取 NH 特征，需要先对点云数据进行滤波，获取 DEM（Digital Eleration Model）或者 DTM（Digital Terrain Model），然后计算 DSM 与 DTM 的差异模型即可获取地物点的绝对高度信息，通常也称之为 nDSM：

$$nDSM(x, y) = DSM(x, y) - DTM(x, y) \tag{3.1}$$

严格来讲，该式只适用于经过内插后的规则格网点云数据，对于原始的不规则分布点云，获取 NH 特征的方法如下：

通过点云数据滤波算法获取 DEM 或 DTM。采用应用范围较广的基于 TIN 的滤波算法将地面点与非地面点进行分离，对所有分离出的地面点构建 TIN 模型，根据每一个非地面点的平面坐标（x, y）内插出其在 TIN 模型中的高程 Z'，最后从该非地面点的原始高程 Z 中减去 Z' 即为该点的 NH 值，用公式表示为

$$NH = Z - Z' \tag{3.2}$$

在对点云滤波时，之所以采用基于 TIN 的方法主要有以下两方面原因：一是 TIN 滤波算法能够很好地控制 II 类误差，使得 NH 特征的提取更加精确；二是 TIN 滤波算法对不同地形适应能力较强，由于采用的实验数据中具备相对复杂的坡度地形，所以采用 TIN 滤波是较为合理的选择。

理想情况下，所有的地面点的 NH 值均应为 0，非地面点的 NH 值均应大于 0，但事实上并非如此，主要有以下两方面的原因：一是滤波质量问题，由于 TIN 滤波的 I 类误差较大，造成真实地面点的 NH 值会大于 0，尽管这一值通常非常小；二是基于 TIN 模型的内插会引起局部误差，尤其是在点云数据的边缘，造成计算出的 NH 值巨大或小于 0，我们将这些值定义为奇异值。采取如下方法简单处理：在该非地面点局部

邻域搜索离它最近的地面点，然后将其高程与该地点的高程之差作为真实的 *NH* 值。从图 3.4 中可以看出，不同亮度的区域意味着地物具有不同的高度，灰度值越大，高度越高；反之亦然。建筑物和树木通常具有较高的亮度值。

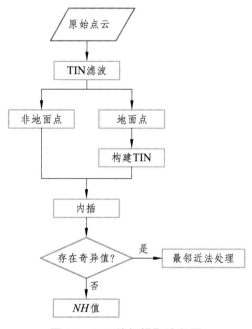

图 3.4　NH 特征提取流程图

2. 多重回波（MR）

当激光脚点遇到多重表面时，一条脉冲就会产生多重回波（Multi-Returns，MR）。现代的机载 LiDAR 系统甚至能同时记录脉冲的四次回波信息。它所记录点的回波数（Number of Returns，NR）信息，首次、末次或者中间的回波号（Return Number，RN）信息均与某一特殊的表面有直接关系。一个典型的例子就是可利用多重回波特征对植被进行识别和提取。如图 3.5 所示是激光脉冲落在植被上形成的多重回波示意图。

3. 回波数（NR）

大多数激光脚点记录的是单次回波（Single Return），主要由地表、屋顶以及其他不可穿透的物体产生。多重回波往往由高植被产生，通过确定每个点的回波数，即可建立一个"高植被掩膜"，从而确定高植被点的分布区域。但由于某些不连续的表面以及其他可穿透性的目标也可产生大于一次的回波数，所以具有较多回波数的激光点很大程度上来自高植被，同时还有可能来自建筑物的边缘或者地表。

（a）多重回波　　　　　　　　　（b）分离多层激光反射脉冲

图 3.5　植被产生的多重回波示意图

4. 回波号（RN）

在多重回波中，首次回波通常是由树木、建筑物的边缘、电力线引起，末次回波通常是由树下地表（可能有时候产生于树内部，尤其是如果树木具有茂密的树叶时），紧挨着建筑物边缘的地表或者较低的屋顶（如果它不是一个连续表面）引起的，而中间的回波主要在树内部产生。

如图 3.6 所示为 NR、RN 特征的效果图。从图中可以看出，高植被以及建筑物边缘部分通常具有较亮的灰度值，对应这些区域能够产生较大的回波数以及回波号。

（a）NR 特征提取结果　　　　　　（b）RN 特征提取结果

图 3.6　NR、RN 特征的效果图

5. 强度（INT）

机载 LiDAR 系统不但能提供激光脚点的高程以及回波数量信息，而且几乎所有的系统还能同时提供激光脉冲的回波强度信息（Intensities，INT）。当激光落在不同的物体表面时，其反射的强度值存在很大的差别。研究表明，结合 LiDAR 的高程和强度信息，甚至单独使用强度信息即可区分某些具有明显不同反射率的地物，比如树木、房屋、地面、道路等。激光脉冲的回波强度受多种因素影响，包括物体表面材料的性质、回波数、激光发射点到入射点的距离以及入射角等。

物体表面的反射系数是决定激光回波能量多少的主要因素。地面介质对激光的反射系数取决于激光的波长、介质材料以及介质表面的明暗黑白程度。实验表明，沙土等自然介质表面反射率一般为 10%~20%；植被表面的反射率一般为 30%~50%；冰雪表面的反射率一般为 50%~80%。表 3.1 列出了一些常见的介质对 0.9 m 激光脉冲的反射率。

表 3.1　一些常见的介质对 0.9 m 激光脉冲的反射率

介质	反射率
白纸	接近于 100%
雪地	80%~90%
泡沫	88%
绵纸	60%
落叶林	典型值 60%
针叶林	典型值 30%
干地	57%
湿地	41%
光滑混凝土	24%
含卵石的沥青	17%
黑橡胶	5%
洁净水	<5%

激光回波强度与多种因素有关，在每次飞行时都需要对强度信息进行标定。对于不同的机载 LiDAR 系统、不同的飞行高度及天气状况，激光散射回波强度系数也会有较大的差异，所以强度信息具有不稳定性，单独利用这一特征显然无法完成更精确的分类。尽管如此，强度信息仍是特征提取和地物分类的一种重要因子。一般来说，建筑物和道路由于其表面的材质并非唯一，不同地区甚至同一地区它们的材质也不会完

全一样，将会导致较大的强度差异，这无疑增加了地物识别的难度。同样，不同的植被类型所对应的强度值也不尽相同。有研究表明，对于低矮植被，尤其是草地，其表面的强度信息通常是稳定的，并且表现出能够明显区别于其他地物的较高的强度值。

裸地和土壤的强度平均值为 70 ~ 90；类似于荨麻、草地、农作物之类的低矮植被的强度平均值通常为 90 ~ 150，明显高于其他地物，所以利用强度值对低矮植被进行识别非常有价值。图 3.7 所示是点云数据生成的强度影像，对比两图可直观看出，草地的强度值明显大于其他地物，而建筑物、道路等人工地物类型的强度值则较低。此外，某些具有特殊材质的地物强度值也非常高，如道路上的汽车。

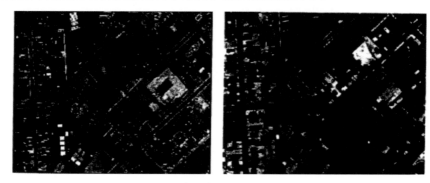

图 3.7 原始影像及其对应强度影像

3.2.4 点云间接特征提取

1. 基于点云的 LiDAR 数据描述

机载 LiDAR 系统获取的原始点云数据呈离散型、不规则分布状态，如何有效地组织离散点云数据是进行机载 LiDAR 数据处理时需要解决的基本问题之一。在实际应用中，表达点云离散数据的代表性方式主要有：规则格网、不规则三角网（TIN）、剖面（profiles）以及体元（Volumetric Pixel，Voxel）。其中，以规则格网和不规则三角网这两种基本形式的应用最为广泛；剖面和体元则在特定应用中才具有其自身的优势。规则格网作为组织低密度数据的有效手段具有许多优势，很大程度上简化了数据组织方式，且提高了数据处理效率。对于以规则格网组织的点云数据，可以将插值后的数据看作距离图像，有利于引入成熟的图像处理算法对其进行处理。就目前国内外点云数据处理的发展来看，将点云数据内插成规则格网是许多研究者热衷的方法。但是无论采取何种内插算法，在对点云数据重采样时均存在以下问题：

点云数据在获取的过程中会存在数据空洞区域（如对激光波长具有强吸收作用的水体或激光扫描较高建筑物时因遮挡而形成的盲区），在这些区域人为地生成数据会造成较为严重的系统误差。

内插会钝化原始信号，使真实场景中的物理阶跃更加平滑化、连续化和模糊化。对点云数据的内插会改变真实的地貌形态和地物形状，在地形突变的地区（如断裂线），内插算法会使某些陡峭的区域趋于平滑，从而改变其真实地形。对于建筑物而言，边缘与地面之间高程突变特征会更加模糊化，甚至在三维表示中会形成立体梯形。

将点云的高程值进行内插后，对其他属性的处理是一个棘手的问题，例如强度和回波信息。显然，这样的处理改变了原始点云数据的属性，会造成较大的误差。

将高分辨串 3D 点云数据转化为固定尺寸大小的 2D 栅格数据的过程中，会造成不可逆的（irreversible）信息丢失。

随着激光扫描硬件的发展，LiDAR 系统产生的大量密集数据会给数据处理、存储、传输带来了较大困难。TIN 虽然可以保留原始点云数据中的陡峭特征，但由于采用了显式的方式描述点间的邻接关系，会进一步加剧这种负担。

在计算机图形领域，以采样点作为表示和绘制曲面的基元为地形地貌表面的表示、处理和绘制提供了一种新的解决思路。基于点集的 LiDAR 数据描述意味着原始的 LiDAR 点云无须事先内插处理，直接以点为基元进行数据分析和特征提取，所有 3D 对象的表面形状信息均从点集数据中获得。基于点集表示 3D 对象表面与从点集中重构 3D 对象表面是两个不同的概念。重构 3D 对象表面是指将点集转换成其他表示形式，比如三角格网；而 3D 对象表面基于点集的表示是指点集就是获取所有信息的来源，关键任务在于如何设计有效的算法从点集中估算出各种与表面相关的信息，比如点在表面上的法线、曲率等。

正是基于以点为基元这一思想，在不改变原始 LiDAR 点云数据各种属性及结构的前提下，采用不同的方法从离散的点云中提取基于单点的特征，其意义不但在于完成原始数据的目标识别和分类，而且也为后续提取、建模等工作尽可能多地提供原始资料和数据，这也是本书研究区别其他研究的一个鲜明特点。

2. 局部邻域

点云数据的直接特征（强度、回波等）可用单点属性值表示，而间接特征是指以局部领域统计特征表示的单点特征。在提取不同的间接特征时，对"局部领域"的定义也不同，其中一部分由"矩形或者圆形窗口"定义，而另一部分则由"K 近邻"的概念定义。

在数字图像处理中，"窗口"通常定义为局部领域，比如滤波时用到的各种尺寸的窗口。受这种思想的启发，对于离散的不规则分布的三维点云数据，局部领域也可由不同尺寸的"窗口"或者"网络"定义，对"窗口"或者"网络"内所包含的所有数据点进行统计分析得到的特征值来代替位于中心位置的数据点的特征值。在点云数据中，这种"窗口"或者"网络"通常表现为立方体或者圆柱体，并且它们的尺寸需要某种特殊规则确定，局部领域公式如下：

$$\begin{cases} WS = l \times l \\ l = \lambda \cdot d_{\text{space}} \\ d_{\text{space}} = 1/\sqrt{\rho} \end{cases} \tag{3.3}$$

局部领域的另外一种表达方式可根据样本点间的空间位置关系确定，相比于基于"窗口"定义的局部领域，其表现形式更加多样化，原理也稍显复杂。该领域条件的设置应确保领域中所有点能充分表达样本点 P 周围较小的局部曲面片。局部领域的计算仅仅依赖于样本点间的空间位置关系，而不依赖于样本点的其他组合结构，比如样本点 P 的领域不依赖于其邻接点的领域。领域的确定有以下几种方式：球定义的领域、K 个最近邻接点、Voronoi 邻接点和 BSP 邻接点。如图 3.8 所示为基于 K 近邻的三种领域定义。

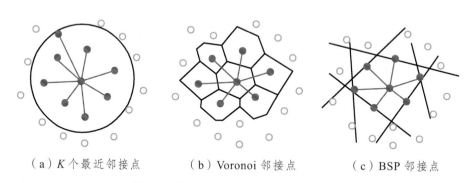

（a）K 个最近邻接点　　　　（b）Voronoi 邻接点　　　　（c）BSP 邻接点

图 3.8　基于 K 近邻的三种领域定义图

3.3　点云的快速自动化分类

对输电线路走廊的激光点云扫描数据项目组按南网激光点云数据着色标准开展地

面、植被、高植被、电力线、架空地线、杆塔、默认类别 7 类数据分类，为当前工况快速分析提供数据支撑。分类后数据展示如下：

1. 杆塔分类

激光点云数据分类工作，将原始 LiDAR 数据加载到输电线路机巡数据分析应用平台系统中，根据杆塔反射率及杆塔直接特征及间接特征的智能提取杆塔点云数据，保证杆塔点云数据的完整性，降低非杆塔点云数据误分类情况发生的可能性，同时严格按照南网三维激光点云数据处理分析标准中对杆塔的着色要求，将杆塔点云定义为（0，0，255），为三维激光点云数据的深化应用提供标准化数据基础。云网输电线路常规直线杆塔与耐张杆塔系统分类后点云数据如图 3.9 所示。

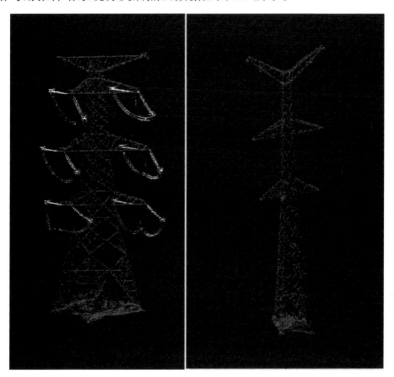

图 3.9 云网输电线路常规直线杆塔与耐张杆塔系统分类后点云数据

2. 植被分类

云南省地处低纬度高原，地理位置特殊，地形地貌、气候条件复杂，故而云南植被具有复杂多样性，植被生长高低差异大。结合云南各地区以上情况，将三维激光点云数据中植被数据细分为植被和高植被，为分类展示和快速定位隐患点最高点提供便利。对高植被与植被数据分类时系统将根据植被离地面的高度区分植被类别，并严格按照南网规范要求将植被与高植被点云数据着色为（160，95，65）。

植被分类点云数据如图3.10所示。

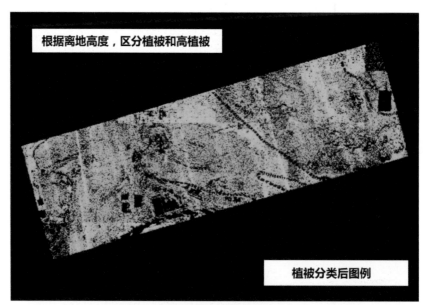

图 3.10　植被分类点云数据

高植被分类点云数据如图3.11所示。

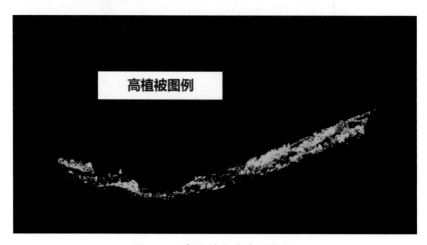

图 3.11　高植被分类点云数据

高植被数据与植被数据叠加展示如图 3.12 所示。

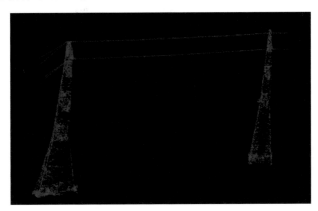

图 3.12　植被与高植被融合后形成全植被信息

3. 架空地线分类

在开展导线分类时，项目组根据输电线路导线类型在输电过程的不同用途，将导线分为架空地线和电力线。系统根据架空地线与电力线不同的反射率区分两者，并将架空地线点云数据着色为（255，0，0）。

架空地线分类后图层展示如图 3.13 所示。

图 3.13　架空地线分类后图层展示

4. 电力线分类

在区分架空地线和电力线时，项目组根据电力线两端连接设备的差异并结合电力线反射率的不同智能区分电力线，严格按照南网规范要求将电力线点云数据着色为（255，0，255）。

电力线分类后图层展示如图 3.14 所示。

图 3.14 电力线分类后图层展示

5. 地面分类

在点云数据自动分析时，系统自动根据地面反射率特性完成地面点云数据分类，并严格按照南网规范要求将地面点云数据着色为（160，95，65）。

地面分类点云数据如图 3.15 所示。

图 3.15 地面分类点云数据

6. 默认类别分类

在完成原始点云数据采集后，为保证真实反映原始点云数据信息，系统将针对原始点云数据类型自动分类时进行默认类别，默认类别严格按照南网规范要求将地面点云数据着色为（133，133，133）。

默认类别分类点云数据如图 3.16 所示。

图 3.16　默认类别分类点云数据

3.4　点云的精细化分类

为适应对输电线路巡视精细化要求的提升，以及后续对三维激光点云数据深化应用的深入，有关三维激光点云数据分析处理精细化需求也逐年提升。为适应电网企业要求，在 19 类数据分类标准的基础上将精细化分类提升为 28 种数据分类。主要精细化分类对象包括默认类别、杆塔、高植被、植被、架空地线、电力线、绝缘子、跳线、间隔棒、地面、建筑物、公路（二级及以上）、被跨越杆塔、其他杆塔、被跨越电力线（上跨）、被跨越电力线（下跨）、其他电力线、铁路、弱电线路、铁路承力索、接触线、索道、变电站、桥梁、水域、管道、河流、其他分类等，为深入应用提供基础分类数据支撑。分类后数据展示如下：

1. 杆塔分类

在精细化激光点云数据分类时，根据杆塔反射率、杆塔直接特征及间接特征智能提取杆塔点云数据，在保证杆塔点云数据的完整性、降低非杆塔点云数据误分类情况发生的基础上，针对杆塔周围噪点、塔中植被进行精细化处理。同时严格按照南网三维激光点云数据处理分析标准中对杆塔的着色要求，将杆塔点云定义为（0，0，255），为三维激光点云数据的深化应用提供标准化数据基础。云南电网输电线路常规直线杆塔与耐张杆塔精细化分类后点云数据如图 3.17 所示。

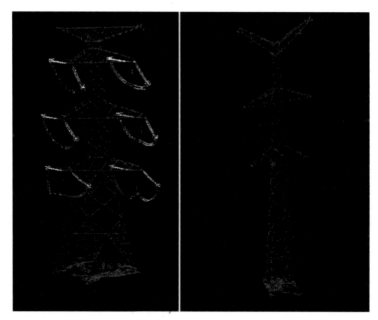

图 3.17　云南电网输电线路常规直线杆塔与耐张杆塔精细化分类后点云数据示意图

2. 植被分类

结合自动化分类结果将三维激光点云数据中植被数据细分为植被和高植被，精细化分类时将重点核实排查非植被噪点、细分低于高植被中的配电线路设备信息，并严格按照南网规范要求将植被与高植被点云数据着色为（160，95，65）。

植被分类点云数据如图 3.18 所示。

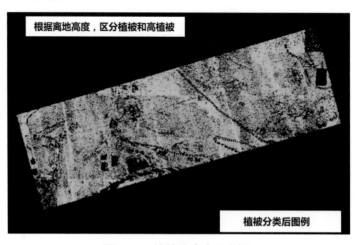

图 3.18　植被分类点云数据

高植被分类点云数据如图 3.19 所示。

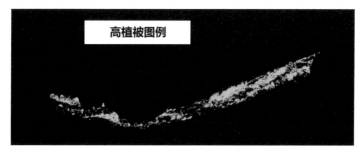

图 3.19 高植被分类点云数据

高植被数据与植被数据叠加如图 3.20 所示。

图 3.20 植被与高植被融合后形成全植被信息

3. 架空地线分类

系统根据架空地线与电力线不同的反射率区分两者，同时结合绝缘子可见光图像特征，精细化自动选取挂点、区分架空地线，并将架空地线点云数据着色为（255，0，0）。

架空地线分类点云数据如图 3.21 所示。

图 3.21 架空地线分类后图层展示

4. 电力线分类

在区分架空地线和电力线时，根据电力线两端连接设备的差异性，结合电力线反射率的不同智能区分电力线，并严格按照南网规范要求将电力线点云数据着色为（255，0，255）。

电力线分类后图层展示如图 3.22 所示。

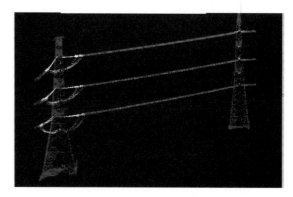

图 3.22　电力线分类后图层展示

挂点的自动选择如图 3.23 所示。

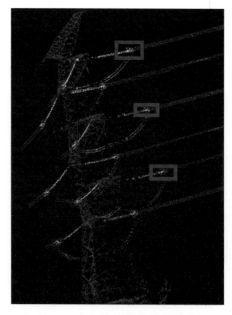

图 3.23　自动判断电力线挂点

5. 绝缘子的分类

在绝缘子精细化分类时，系统结合杆塔类型与绝缘子直接和间接特征，结合可见光图像识别技术智能完成绝缘子分类，并严格按照南网规范要求将绝缘子点云数据着色为（255，128，192）。

耐张杆绝缘子分类及可见光影像对比如图 3.24 所示。

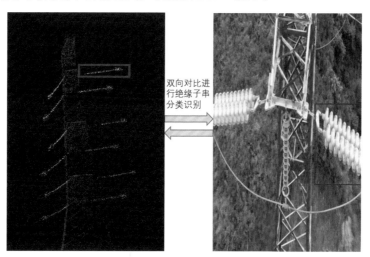

图 3.24　耐张杆绝缘子分类及可见光影像对比图

直线杆绝缘子展示如图 3.25 所示。

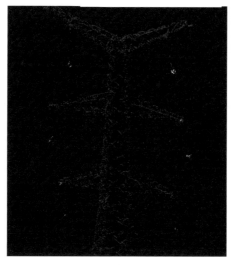

图 3.25　直线杆绝缘子展示

6. 跳线的分类

在跳线分类时，系统根据杆塔类型判断耐张杆，通过识别绝缘子和塔顶位置，结合可见光图像智能识别技术完成跳线分类，并严格按照南网规范要求将跳线点云数据着色为（250，55，85）。

跳线精细化分类如图 3.26 所示。

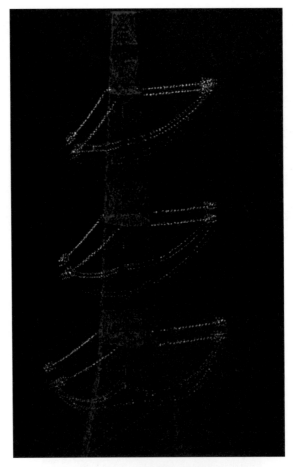

图 3.26　跳线精细化分类

7. 建筑物分类

建筑物分类时，系统根据建筑物的直接与间接特征对比完成建筑物信息分类，并严格按照南网规范要求将建筑物点云数据着色为（255，185，180）。

建筑物精细化分类结果如图 3.27 所示。

图 3.27　建筑物精细化分类结果

8. 地面分类

在点云数据自动分析时，系统自动根据地面反射率特性完成地面点云数据分类，并严格按照南网规范要求将地面点云数据着色为（160，95，65）。

地面精细化分类点云数据如图 3.28 所示。

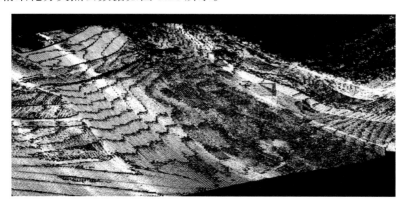

图 3.28　地面精细化分类点云数据

9. 公路分类

公路分类时，系统对比巡检时可见光影像完成二级及以上公路分类，并严格按照南网规范要求将公路点云数据着色为（40，70，110）。

公路精细化分类云数据如图 3.29 所示。

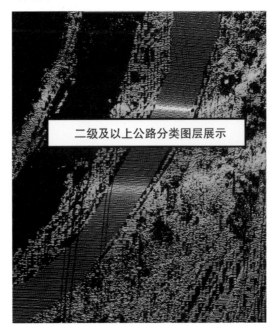

二级及以上公路分类图层展示

图 3.29 公路精细化分类云数据

10. 其他杆塔分类

在区分被跨越杆塔与其他杆塔在杆塔分类特征提取的基础上，根据杆塔与电力线、架空地线是否存在交叉跨越的情况、是否与主巡视线路存在相对孤立的情况，自动判断其他杆塔，并严格按照南网规范要求将其他杆塔点云数据着色为（99，34，139）。

其他杆塔精细化分类结果如图 3.30 所示。

11. 被跨越杆塔分类

系统在区分被跨越杆塔与其他杆塔在杆塔分类特征提取的基础上，根据杆塔与电力线、架空地线是否存在交叉跨越的情况，自动判断被跨越杆塔与其他杆塔，并严格按照南网规范要求将被跨越杆塔点云数据着色为（24，5，100）。

被跨越杆塔精细化分类结果如图 3.31 所示。

图 3.30 其他杆塔精细化分类结果

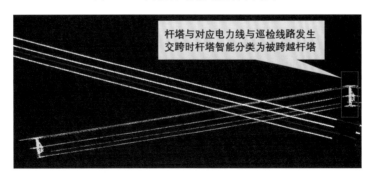

图 3.31 被跨越杆塔精细化分类结果

12. 其他电力线分类

通过判断与主巡视线路中该挡导线与其他电力线的相对位置关系，智能判断其他电力线分类，并严格按照南网规范要求将其他电力线点云数据着色为（244，163，96）。

其他电力线分类结果如图 3.32 所示。

与巡视线路无交叉跨越，智能分类为其他线路

图 3.32　其他电力线分类结果

13. 被穿越电力线（上跨）分类

在判断被穿越电力线时，分析主巡视线路中该挡导线与被跨越电力线的相对垂直位置关系，当垂直位置在主巡视线路上方时，智能判断为被穿越电力线（上跨），并严格按照南网规范要求将其他电力线点云数据着色为（255，128，64）。

被穿越电力线（上跨）精细化分类结果如图 3.33 所示。

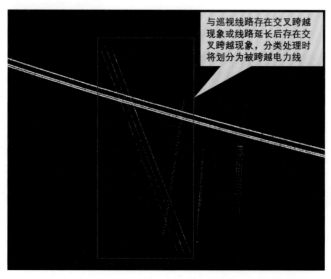

与巡视线路存在交叉跨越现象或线路延长后存在交叉跨越现象，分类处理时将划分为被跨越电力线

图 3.33　被穿越电力线（上跨）精细化分类结果

14. 被跨越电力线（下跨）分类

在判断被穿越电力线时，分析主巡视线路中该挡导线与被跨越电力线的相对垂直位置关系，当垂直位置在主巡视线路下方时，智能判断为被跨越电力线（下跨），并严格按照南网规范要求将其他电力线点云数据着色为（255，128，0）。

被跨越电力线（下跨）精细化分类结果如图 3.34 所示。

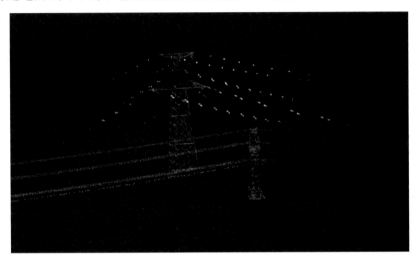

图 3.34 被跨越电力线（下跨）精细化分类结果

15. 铁路分类

铁路分类时，系统结合南网资产管理平台、GIS 系统与可见光资料提取特征，智能区分铁路线路，并严格按照南网规范要求将铁路点云数据着色为（130，115，100）。

铁路数据在精细化分类后的结果如图 3.35 所示。

图 3.35 铁路数据在精细化分类后的结果

16. 弱电线路分类

弱电线路分类时，系统结合南网资产管理平台、GIS 系统与可见光资料提取弱电线路特征，智能区分弱电线路，并严格按照南网规范要求将弱电线路点云数据着色为（0，255，255）。

弱电线路数据在精细化分类后的结果如图 3.36 所示。

图 3.36　弱电线路数据在精细化分类后的结果

17. 铁路承力索或接触线分类

铁路承力索或接触线分类时，系统分类方式与弱电线路分类方式相同，并严格按照南网规范要求将铁路承力索或接触线点云数据着色为（130，115，100）。

铁路承力索或接触线数据在精细化分类后的结果如图 3.37 所示。

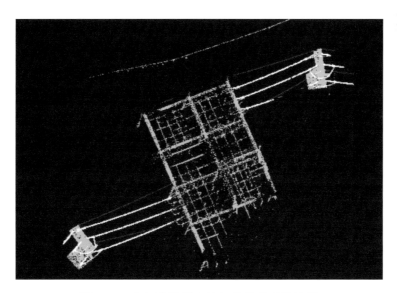

图 3.37　铁路承力索或接触线数据在精细化分类后的结果

18. 变电站分类

变电站分类时，系统结合飞行作业提供的坐标信息与云南电网 GIS 系统变电站经纬度坐标自动开展数据比较，同时结合可见光影像数据自动区分建筑物与变电站差异特征完成变电站分类，并严格按照南网规范要求将变电站点云数据着色为（0，255，255）。

变电站数据在精细化分类后的结果如图 3.38 所示。

图 3.38　变电站数据在精细化分类后的结果

19. 管道分类

管道分类方法与公路分类类似，同时结合可见光影像提取差异性特征完成分类，并严格按照南网规范要求将管道点云数据着色为（128，64，64）。

20. 桥梁分类

桥梁分类方法与公路分类类似，同时结合可见光影像提取差异性特征完成分类，并严格按照南网规范要求将桥梁点云数据着色为（0，255，255）。

21. 索道分类

索道分类方法与公路分类类似，同时结合可见光影像提取差异性特征完成分类，并严格按照南网规范要求将索道点云数据着色为（5，188，165）。

22. 其他分类

系统通过智能判断将无法归类到已明确的分类时，将此类数据归结为其他分类，并严格按照南网规范要求将其点云数据着色为（5，188，165）。

23. 水域与河流分类

水域与河流因激光扫描过程中反射率与常规实物差异较大，系统通过可见光影像对比，利用系统点云数据刺点技术完成水域与河流的分类工作，并严格按照南网规范要求将水域与河流点云数据着色为（0，255，255）。

水域与河流数据在精细化分类后的结果如图 3.39 所示。

利用系统点云数据刺点技术完成的水域与河流分类

图 3.39　水域与河流数据在精细化分类后的结果

24. 间隔棒分类

在电力线分类时，为全面还原电力线情况、提升工况分析准确性，系统将间隔棒信息单独开展分类处理，并严格按照南网规范要求将间隔棒点云数据着色为（0，77，255）。

间隔棒数据在精细化分类后的结果如图 3.40 所示。

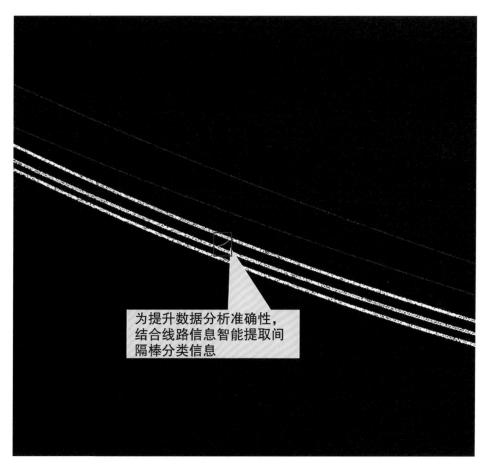

为提升数据分析准确性，结合线路信息智能提取间隔棒分类信息

图 3.40　间隔棒数据在精细化分类后的结果

25. 默认类别分类

在完成原始点云数据采集后，为保证可真实反映原始点云数据信息，系统将针对原始点云数据类型自动分类为默认类别。默认类别严格按照南网规范要求将地面点云数据着色为（133，133，133）。

默认类别分类点云数据如图 3.41 所示。

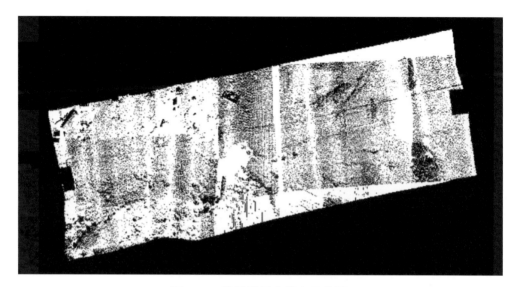

图 3.41 默认类别分类点云数据

第4章 基于点云数据的输电通道隐患分析

利用三维激光点云可精确反映输电通道的安全隐患情况。通过采集点云数据可对输电通道当前的运行工况进行详细分析，同时对通道当前的隐患情况进行排查。结合作业时的外部环境信息和当前获取的点云信息，可建立输电线路的工况拟合函数，实现输电线路在各种最大允许工况环境下或设定的综合工况环境下线路的运行情况，从而实现输电通道隐患的综合排查。

基于点云数据的输电通道隐患分析主要包括当前工况分析、最大工况分析、杆塔倾斜分析、杆塔基本台账分析、导线风偏分析等。随着技术的发展和业务需求的不断变化，基于点云数据的通道隐含分析随之发展。

4.1 输电通道当前工况分析

当前工况隐患分析，主要针对不同电压等级激光扫描数据结合点云数据分类结果，对架空导线到架空地线、架空导线到植被、架空导线到高植被、架空导线到建筑物、架空导线到道路、架空导线到铁路、架空导线到弱电线路、架空导线到其他电力线、架空导线到水域或交叉跨越的距离进行检测，参照相应的输电线路安全运行规程对距离小于安全距离的区域进行标记。

4.1.1 安全距离检测算法

由于点云数据量庞大，为提高检测效率，使用二分法对输电线路和地物进行最小距离检查。距离检查通常采用两点间距离公式。

二分法即一分为二的方法。设[a, b]为 **R** 的闭区间，逐次二分法就是构造出如下的区间序列（[a_n, b_n]）：$a_0 = a$，$b_0 = b$，且对任一自然数 n，[$a_n + 1$, $b_n + 1$]或等于[a_n, c_n]，或等于[c_n, b_n]，其中 c_n 表示[a_n, b_n]的中点。

三维空间两点间距离公式：

设 $A(x_1, y_1, z_1)$，$B(x_2, y_2, z_2)$ 是平面直角坐标系中的两个点，则：

$$|AB| = \sqrt{(x_1 - x_2)^2 + (y_1 - y_2)^2 + (z_1 - z_2)^2} \tag{4.1}$$

分析流程步骤如下（见图 4.1）：

（1）从已分类完成的 LAS 文件中获取所有电力线点的 UTM 信息；

（2）从已分类完成的 LAS 文件中获取所有地面、植被、建筑物等点的 UTM 信息；

（3）以每个电力线点的 UTM 为球心、r 为半径，框出球范围（r 可设定）；

（4）判断地面、植被、建筑物等点是否在至少一个球的范围内，在范围内的点将被保存于风险点列表中；

（5）循环风险点列表，并用距离公式计算其与电力线的水平、垂直及净空距离，同一风险点取最短距离，并保存于非重复风险点列表中。

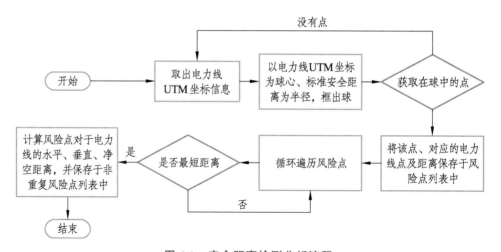

图 4.1 安全距离检测分析流程

分析算法：

（1）球面方程如下：

$$r = \sqrt{(x - a)^2 + (y - b)^2 + (z - c)^2} \tag{4.2}$$

其中，r 为球的半径，(a, b, c) 为球心坐标。

判断是否在球内则可使用：

$$\sqrt{(x-a)^2+(y-b)^2+(z-c)^2} \leqslant r \qquad (4.3)$$

若成立，点（x，y，z）在球内；否则点（x，y，z）在球外。

（2）水平距离方程如下：

$$d_1 = \sqrt{(x_1-x_2)^2+(y_1-y_2)^2} \qquad (4.4)$$

其中，(x_1,y_1)为电力线坐标，(x_2,y_2)为风险点坐标。

（3）垂直距离方程如下：

$$d_2 = \sqrt{(z_1-z_2)^2} \qquad (4.5)$$

其中，z_1为电力线高程坐标，z_2为风险点高程坐标。

（4）净空距离方程如下：

$$d = \sqrt{d_1^2+d_2^2} \qquad (4.6)$$

其中，d为水平距离。

在三维激光点云的 LAS 文件中，挡距在 500 m 左右的点的数量一般有 500 万，其中电力线点有 2 万，地面点有 140 万，植被点有 350 万。在安全距离计算时，为了得到精确值，每个带计算的点都必须代入距离方程进行计算，计算次数大约为：地面点280 亿次，植被点 700 亿次。这么大的计算量会导致计算资源的大量浪费，有大约 90%的计算次数都是没有意义的。

为了解决该难点，采用对所有电力线的点生成对应的球体的方法，该球体的半径稍微大于安全距离即可，这样可以将不在球中的待分析点排除，从而减少计算次数，大大提高分析效率。

4.1.2 缺陷隐患分析

点云数据经过预处理后，形成了标准的 LAS 点云数据，通过系统平台加载，根据对输电线路当前工况的分析要求，按照第 3 章讲述的分类模式进行点云数据详细分类，并进行输电线路杆塔的逐基标记，如图 4.2 所示。分类示意图如图 4.3 所示。

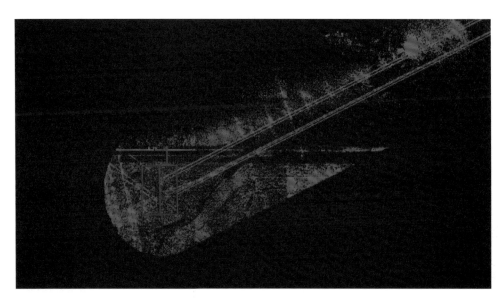

图 4.2　杆塔自动标记示意图

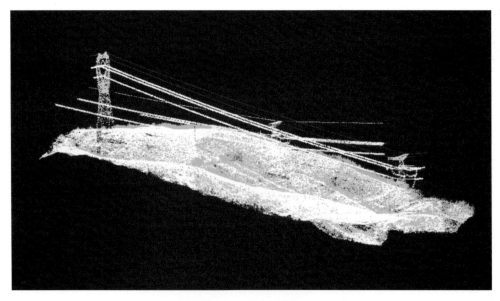

图 4.3　分类示意图

接着便可以进行输电线路点云数据的当前工况隐患分析，如图 4.4 所示。

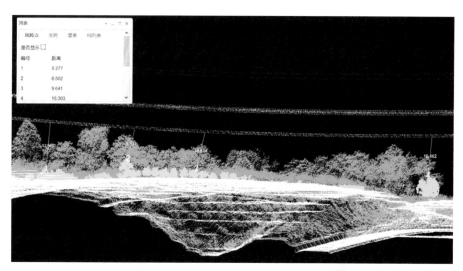

图 4.4 隐患点展示示意图

为便于统计分析和排查隐患点，将分析结果按常规列表模式、隐患点详细展示模式、隐患点分区域展示等多种模式及 BS 模式隐患点定位模式展示如下：

（1）巡检线路统计展示，统计情况如表 4.1 所示。

表 4.1 隐患点统计表

序号	杆塔区间	距小号塔/m	坐标点		缺陷属性	缺陷等级	缺陷半径/m	实测距离/m			安全距离/m		
			经度/（°）	纬度/（°）				水平	垂直	净空	水平	垂直	净空
1	N1—N2	103.18	102.335 51	24.926 161	高植被	一般	4.11	1.58	14.57	14.66	16.0	16.0	16.0
2	N2—N3	199.92	102.334 801	24.923 59	植被	一般	7.9	1.28	13.42	13.48	16.0	16.0	16.0
3	N2—N3	218.7	102.334 558	24.923 429	植被	重大	45.07	2.37	9.64	9.93	16.0	16.0	16.0
4	N2—N3	250.61	1o2.334 525	24.923 143	植被	一般	6.02	4.43	11.99	12.78	16.0	16.0	16.0
5	N3—N4	113.44	102.335 139	24.921 991	植被	一般	31.0	2.64	14.1	14.34	16.0	16.0	16.0
6	N3—N4	216.17	102.335 211	24.921 032	植被	一般	2.93	3.52	13.8	14.25	16.0	16.0	16.0
7	N4—N5	30.22	102.335 223	24.920 961	高植被	一般	16.98	1.71	11.88	12.0	16.0	16.0	16.0
8	N4—N5	132.55	102.335 125	24.920 021	高植被	一般	23.26	1.91	12.82	12.96	16.0	16.0	16.0
9	N4—N5	199.62	102.334 77	24.919 481	高植被	一般	52.63	2.62	10.98	11.29	16.0	16.0	16.0
10	N4—N5	249.42	102.334 836	24.918 999	高植被	重大	61.01	4.86	8.24	9.57	16.0	16.0	16.0
11	N4—N5	258.59	102.334 761	24.918 93	高植被	重大	52.41	0.28	7.95	7.96	16.0	16.0	16.0
12	N4—N5	301.37	102.334 461	24.918 607	高植被	重大	34.34	0.57	8.23	8.25	16.0	16.0	16.0
13	N5—N6	146.95	102.333 653	24.915 918	高植被	一般	26.81	6.09	13.99	15.26	16.0	16.0	16.0

（2）当用户需要查看详细通道隐患点时，可通过如图 4.5 所示的示意图查看隐患点分布及各隐患点距离。

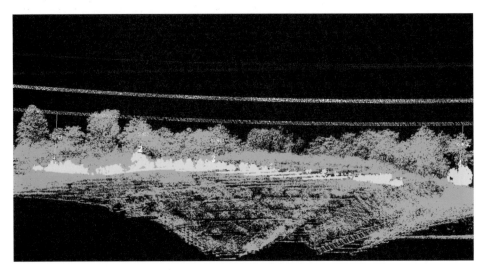

图 4.5　隐患点展示示意图

（3）选择需查看的隐患点，系统将详细展开隐患点坐标及本隐患区域内最小安全距离净空测量值，如图 4.6 所示。

图 4.6　选中单个隐患点示意图

（4）按隐患点分区域模式利用俯视图展示隐患点，如图 4.7 所示。

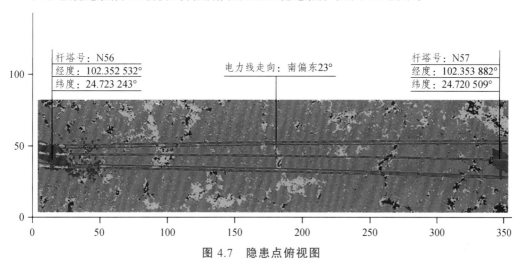

图 4.7　隐患点俯视图

4.1.3　交叉跨越分析

架空线路交叉跨越是普遍现象，它是架空输电线设计中较为重要的课题之一。因其牵连到外界单位和安全运行的问题，交叉跨越发生事故较为频繁，影响面很大，它会造成交通中断、通信停摆、大面积停电等，因此要非常重视交叉跨越的统计工作。跨越的种类很多，其中铁路、公路、河流、电力线等最为普遍。

根据被跨越物的大小、重要性和实施跨越的难易程度，可将跨越分为 3 个类别：

（1）一般跨越：指跨越非重要设施且跨越架高度为 15 m 及以下者。这里的 15 m 界点是相关安全规程的规定。

（2）重要跨越：指重要设施的跨越以及虽为非重要设施但跨越架高度超过 15 m 者。

（3）特殊跨越：根据相关安全规程规定，对特殊跨越必须编写施工技术方案，对重要跨越应由技术部门编制搭设方案，对一般跨越没有具体要求。

在激光雷达点云数据的基础上，可方便地标记出输电线路附近的这些交叉跨越目标，以便进行交叉跨越统计和安全距离测量，为输电线路运维工作提供数据支持。

在分析整条线路的交叉跨越情况后，对整条线路的交叉跨越进行统计，具体如表 4.2 所示。

表 4.2　河流交叉跨越详细信息

跨越类型	次数
其他电力线	161
公路	155
河流	6
铁路承力索	1
铁路	1

除了需要对整条线路的交叉跨越情况进行总体统计，还需要列出每个交叉跨越的详细信息，具体如图 4.8 所示。

序号	杆塔区间	距小号塔/m	坐标点	交叉跨越属性	交叉跨越角度/(°)	实测距离/m			安全距离/m		
						水平	垂直	净空	水平	垂直	净空
1	N3—N4	242.59	101.579 175° E 26.057102° N	河流	89.56	1.60	112.67	112.68	—	9.50	—

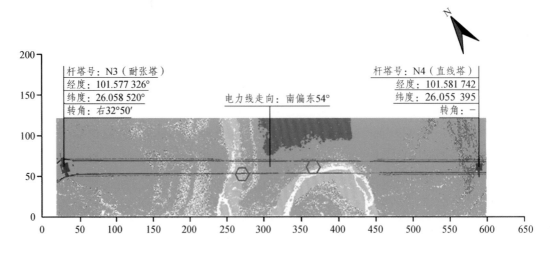

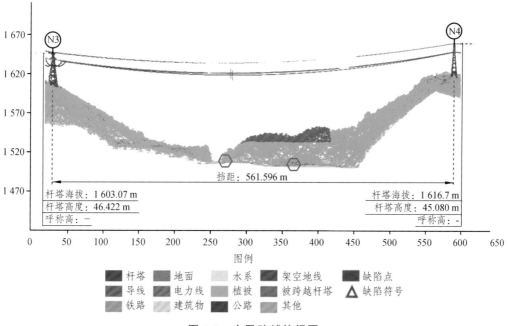

图 4.8 交叉跨越俯视图

1. 交叉跨越统计分析流程

（1）加载预处理后的 LAS 格式文件，选择分析工程示意图，如图 4.9 所示。

图 4.9 选择分析工程示意图

（2）找到电力线拐角交会处，在 LAS 文件中标记出杆塔，如图 4.10 所示。

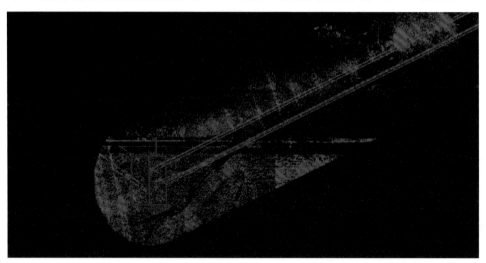

图 4.10 杆塔自动标记示意图

（3）完成杆塔标记后，系统自动展现出分类数据，杆塔、电力线地线等以不同颜色展示，如图 4.11 所示。

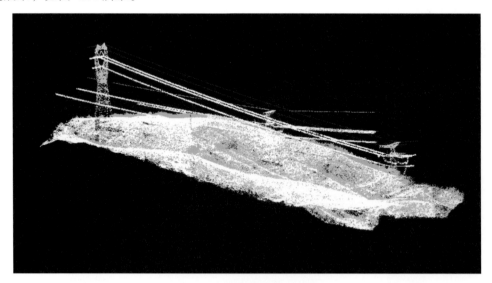

图 4.11 分类后数据示意图

（4）以被跨越电力线为例（图中紫色线），系统自动检测电力线与被跨越电力线的最小距离，如图 4.12 所示。

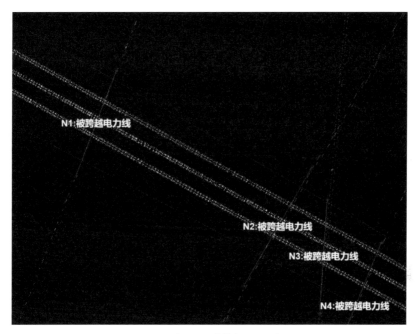

图 4.12　交叉跨越的标记示意图

2. 分析结果展示

为便于统计交叉跨越信息并分析结果，按常规列表模式、交叉跨越详细展示模式等多种模式及 BS 模式隐患点定位模式展示如下：

（1）巡检线路统计展示，如图 4.13 所示。

序号	杆塔区间	距小号塔/m	坐标点		交叉跨越属性	交叉跨越角度/(°)	实测距离/m			安全距离/m		
			经度/(°)	纬度/(°)			水平	垂直	净空	水平	垂直	净空
1	N1—N2	165.17	102.335 075	24.925 764	其他电力线	0.0	2.2	10.54	10.77	6.0	6.0	6.0
2	N2—N3	292.9	102.334 502	24.922 762 2	建筑	0.0	11.45	37.58	39.28	9.0	9.0	9.0
3	N3—N4	41.15	102.334 928	24.922 64	建筑	0.0	6.94	28.58	29.41	9.0	9.0	9.0
4	N4—N5	245.19	102.334 871	24.919 031	其他电力线	0.0	7.13	8.21	10.87	6.0	6.0	6.0
5	N5—N6	179.52	102.333 497	24.915 655	建筑	0.0	0.94	18.91	18.94	9.0	9.0	9.0
6	N5—N6	549.71	102.332 386	24.912 472	建筑	0.0	9.75	16.3	19.0	9.0	9.0	9.0
7	N5—N6	553.46	102.332 437	24.912 422	建筑	0.0	4.3	15.11	15.71	9.0	9.0	9.0
8	N6—N7	249.07	102.331 682	24.909 015	公路	0.0	9.27	43.36	44.34	14.0	14.0	14.0

图 4.13　巡检线路统计展示

（2）按详细交叉跨越点展示，如图 4.14 所示。

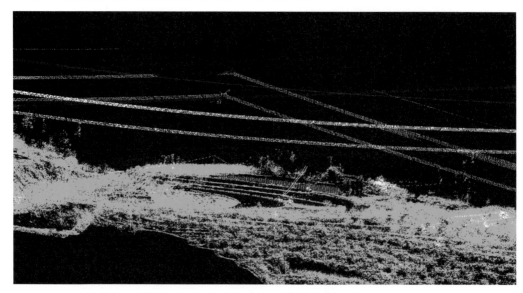

图 4.14　交叉跨越点云示意图

（3）按隐患点分区域模式展示，如图 4.15 所示。

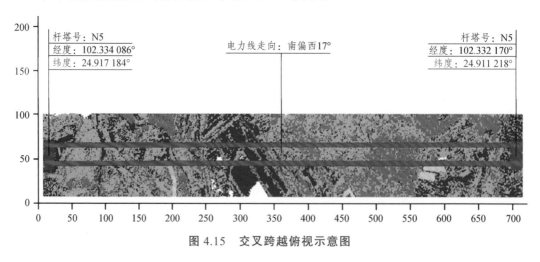

图 4.15　交叉跨越俯视示意图

4.2　输电通道最大工况分析

将实测输电线路相关点云数据、可见光影像数据与基于输电线路应力分析的弧垂计算、风偏动态模拟、融冰过程中脱冰导线跳跃幅值、山火蔓延趋势及导线附近温度场分布等相关研究进行结合，开展多工况下输电线路状态的安全性能评估。

输电线路运行环境复杂，统计显示，输电线路每年因覆冰、大风、山火、雷击等造成的线路跳闸占线路跳闸的 80%以上，因气候、外力等因素造成的线路跳闸比例呈逐年上升趋势。在激光雷达点云数据的基础上，结合工况数据，通过模拟最大工况状态，拟合出最大工况下的导线形态，以此为对象检测安全距离，开展最大工况下的隐患分析。

4.2.1　导线的比载

作用在导线上的机械荷载有自重、冰重和风压，这些荷载可能是不均匀的。为了便于计算，一般按沿导线均匀分布考虑。在导线计算中，常把导线受到的机械荷载用比载表示。

由于导线具有不同的截面，因此仅用单位长度的质量不宜分析它的受力情况。此外比载同样是矢量，其方向与外力作用方向相同。所以比载是指导线单位长度、单位截面面积上的荷载，常用的比载共有 7 种，计算公式如下：

1. 自重比载

导线本身质量所造成的比载称为自重比载，按下式计算：

$$g_1 = 9.8 \times \frac{m_0}{S} \times 10^{-3} \qquad (4.7)$$

式中　　g_1——导线的自重比载，N/（m·mm^2）；

　　　　m_0——每千米导线的质量，kg/km；

　　　　S——导线截面面积，mm^2。

2. 冰重比载

导线覆冰时，由于冰重产生的比载称为冰重比载。假设冰层沿导线均匀分布并形成一个空心圆柱体，如图 4.16 所示，冰重比载可按下式计算：

$$g_2 = 27.708 \times \frac{b(b+d)}{S} \times 10^{-3} \qquad (4.8)$$

式中　g_2——导线的冰重比载，N/（m·mm²）；

　　　b——覆冰厚度，mm；

　　　d——导线直径，mm；

　　　S——导线截面面积，mm²。

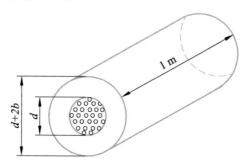

图 4.16　覆冰的圆柱体图

设覆冰圆筒体积为

$$V = \left[\pi \left(\frac{d}{2} + b \right)^2 - \pi \left(\frac{d}{2} \right)^2 \right] \times 10^{-6} = \pi b(d+b) \times 10^{-6} \tag{4.9}$$

取覆冰密度 $\rho = 0.9 \times 10^3 \mathrm{kg/m^3}$，则冰重比载为

$$g_2 = 9.8 \times \frac{\rho V}{S \times 1} = 27.708 \times \frac{b(b+d)}{S} \times 10^{-3} \tag{4.10}$$

3. 导线自重和冰重总比载

导线自重和冰重总比载等于二者之和，即

$$g_3 = g_1 + g_2 \tag{4.11}$$

式中　g_3——导线自重和冰重总比载，N/（m·mm²）。

4. 无冰时风压比载

无冰时作用在导线上每平方毫米的风压荷载称为无冰时风压比载，可按下式计算：

$$g_4 = \frac{0.612\,5aCdv^2}{S} \times 10^{-3} \tag{4.12}$$

式中　g_4——无冰时风压比载，N/（m·mm²）；

　　　C——风载体型系数，当导线直径 $d<17$ mm 时，$C = 1.2$，当导线直径 $d \geqslant 17$ mm 时，$C = 1.1$；

　　　v——设计风速，m/s；

d——导线直径，mm；

S——导线截面面积，mm^2；

a——风速不均匀系数，具体如表 4.3 所示。

表 4.3 各种风速下的风速不均匀系数 a

设计风速/（m/s）	20 以下	20～30	30～35	35 以上
a	1.0	0.85	0.75	0.70

作用在导线上的风压（风荷载）是由空气运动引起的，由气流的动能决定，这个动能的大小除与风速大小有关外，还与空气的容重和重力加速度有关。

由物理学相关知识证明，每立方米的空气动能（又称速度头）表示关系为

$$q = \frac{1}{2}mv^2$$

式中 q——速度头（N/m^2）；

v——风速（m/s）；

m——单位体积空气质量（kg/m^3）。

一般情况下，假定在标准大气压、平均气温、干燥空气等环境条件下，每立方米的空气动能为

$$q = \frac{1}{2}mv^2 = 9.8 \times \frac{v^2}{16} = 0.612\,5v^2 \tag{4.13}$$

实际上速度头还只是个理论风压，作用在导线或避雷线上的横方向的风压力通过下式计算：

$$P_h = aCKFq\sin^2\theta = aCKF(0.612\,5v^2)\sin^2\theta \tag{4.14}$$

式中，P_h 为迎风面承受的横向风荷载（N）。式中引出几个系数是考虑线路受到风压的实际可能情况，如已说明的风速不均匀系数 a 和风载体型系数 C 等。另外，K 表示风压高度变化系数，若考虑杆塔平均高度为 15 m 时则取 1；θ 表示风向与线路方向的夹角，若假定风向与导线轴向垂直时，$\theta = 90°$；F 表示受风的平面面积（m^2），设导线直径为 d（mm），导线长度为 L（m），则 $F = dL \times 10^{-3}$。

由此分析，导线的风压计算式为

$$P_h = aCdLK(0.612\,5v^2) \tag{4.15}$$

相应无冰时风压比载为

$$g_4 = \frac{P_h}{SL} = \frac{0.612\,5aCdv^2}{S} \times 10^{-3} \tag{4.16}$$

5. 覆冰时的风压比载

覆冰导线每平方毫米的风压荷载称为覆冰风压比载，此时受风面增大，有效直径为（$d+2b$），可按下式计算：

$$g_5 = \frac{0.612\,5aC(2b+d)v^2}{S} \times 10^{-3} \qquad (4.17)$$

式中　　g_5——覆冰风压比载，N/（m·mm²）；

　　　　C——风载体型系数，取 $C = 1.2$；

6. 无冰有风时的综合比载

无冰有风时，导线上作用的垂直方向的比载为 g_1，水平方向的比载为 g_4，按向量合成可得综合比载为 g_6，如图 4.17 所示。

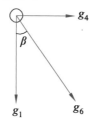

图 4.17　无冰有风综合比载

g_6 称为无冰有风时的综合比载，可按下式计算：

$$g_6 = \sqrt{g_1^2 + g_4^2} \qquad (4.18)$$

式中　　g_6——无冰有风时的综合比载，N/（m·mm²）。

7. 有冰有风时的综合比载

导线覆冰有风时，综合比载 g_7 为垂直比载 g_3 和覆冰风压比载 g_5 的向量和，如图 4.18 所示。

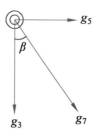

图 4.18　覆冰有风综合比载

综合比载 g_7 可按下式计算：

$$g_7 = \sqrt{g_3^2 + g_5^2} \tag{4.19}$$

式中　　g_7——有冰有风时的综合比载，N/（m·mm^2）。

以上 7 种比载，它们各代表不同的含义，而这个不同是针对不同气象条件而言的，在后续导线力学计算时则必须明确这些比载的下标数字的意义。

4.2.2　导线应力算法

悬挂于两基杆塔之间的一挡导线，在导线自重、冰重和风压等荷载作用下，任一横截面上均有一内力存在。根据材料力学中应力的定义可知，导线应力是指导线单位横截面面积上的内力。因导线上作用的荷载沿导线长度均匀分布，所以一挡导线中各点的应力是不相等的，且导线上某点应力的方向与导线悬挂曲线该点的切线方向相同，从而可知，一挡导线中其导线最低点应力的方向是水平的。

所以，在导线应力、弧垂分析中，除特别指明外，导线应力均是指挡内导线最低点的水平应力，常用 σ_0 表示。

关于悬挂于两基杆塔之间的一挡导线，其弧垂与应力的关系：弧垂越大，则导线的应力越小；反之，弧垂越小，应力越大。因此，从导线强度安全角度考虑，应加大导线弧垂，从而减小应力，以提高安全系数。

但是，若片面地强调增大弧垂，则为保证带电线的对地安全距离，在挡距相同的条件下，则必须增加杆高，或在相同杆高条件下缩小挡距，结果使线路基建投资成倍增加。同时，在线间距离不变的条件下，增大弧垂也就增加了运行中发生混线事故的可能。

实际上安全和经济是一对矛盾关系，为此处理方法是：在导线机械强度允许的范围内，尽量减小弧垂，从而既可最大限度地利用导线的机械强度，又降低了杆塔高度。

导线的机械强度允许的最大应力称为最大允许应力，用 σ_{max} 表示。架空送电线路设计技术规程规定，导线和避雷线的设计安全系数不应小于 2.5。所以，导线的最大允许应力为

$$[\sigma_{\max}] = \frac{T_{\text{cal}}}{2.5S} = \frac{\sigma_{\text{cal}}}{2.5} \qquad\qquad (4.20)$$

式中　　$[\sigma_{\max}]$——导线最低点的最大允许应力，MPa；

　　　　T_{cal}——导线的计算拉断力，N；

　　　　S——导线的计算面积，mm²；

　　　　σ_{cal}——导线的计算破坏应力，MPa；

　　　　2.5——导线最小允许安全系数。

在一条线路的设计和施工过程中，一般应考虑导线在各种气象条件中，当出现最大应力时的应力恰好等于导线的最大允许应力，即可以满足技术要求。但由于地形或孤立挡等条件限制，部分情况下必须把最大应力控制在比最大允许应力小的某一水平上，以确保线路运行的安全性，即安全系数 $K > 2.5$。因此，把设计时所确定的最大应力气象条件下导线应力的最大使用值称为最大使用应力，用 $\sigma_{\max}$ 表示，则

$$\sigma_{\max} = \frac{T_{\text{cal}}}{KS} = \frac{\sigma_{\text{cal}}}{K} \qquad\qquad (4.21)$$

式中　　$\sigma_{\max}$——导线最低点的最大使用应力，MPa；

　　　　K——导线强度安全系数。

由此可知，当 $K = 2.5$ 时，有 $\sigma_{\max} = [\sigma_{\max}]$，称导线按正常应力架设；当 $K > 2.5$ 时，$\sigma_{\max} < [\sigma_{\max}]$，称导线按松弛应力架设。导线的最大使用应力是导线的控制应力之一，后续还要进行讨论。

工程中，一般导线安全系数均取 2.5，但变电所进出线挡的导线最大使用应力常常是受变电所进出线构架的最大允许应力控制的；对挡距较小的其他孤立挡，导线最大使用应力则往往由紧线施工时的允许过牵引长度控制；对个别地形高差很大的耐张段，导线最大使用应力又受导线悬挂点应力控制。在这些情况下，导线安全系数均大于 2.5 的，为松弛应力架设。

导线的应力随气象条件变化，导线最低点在最大应力气象条件时的应力为最大使用应力，则其他气象条件时应力必小于最大使用应力。

4.2.3　导线应力弧垂分析

4.2.3.1　悬点等高时导线弧垂、线长和应力关系

平抛物线方程是悬链线方程的简化形式之一。假设前提是作用在导线弧长上的荷

载沿导线在 x 轴上的投影均匀分布，在这一假设下，图 4.19 中导线所受垂直荷载变成：

$$G = gSx, \tan\alpha = \frac{gx}{\sigma_0} \tag{4.22}$$

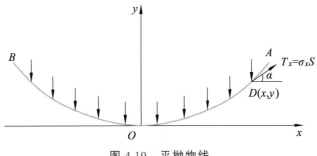

图 4.19 平抛物线

即用直线代替弧长，从而使积分简化，由此导出平面抛物方程为

$$y = \frac{g}{2\sigma_0}x^2 \tag{4.23}$$

相应导线的弧长方程式为

$$L_x = x + \frac{g^2}{6\sigma_0^2}x^2 \tag{4.24}$$

当悬挂点高差 $\Delta h/h \leqslant 10\%$ 时，用平抛物线方程进行导线力学计算，可符合工程精度要求。

悬挂点等高时导线的应力、弧垂与线长如下：

1. 导线的弧垂

将导线悬挂曲线上任意一点至两悬挂点连线在铅直方向上的距离称为该点的弧垂。一般所说的弧垂，均指挡内最大弧垂（除了特别说明外）。

1）最大弧垂计算

如图 4.20 所示的悬点等高情况。x 以 $l/2$ 代入，则得最大弧垂 f 的精确计算公式（悬链线式）如下：

$$f = \frac{\sigma_0}{g}\text{ch}\frac{gl}{2\sigma_0} - \frac{\sigma_0}{g} \tag{4.25}$$

式中　f——导线的最大弧垂，m；

σ_0——水平导线最低点应力，MPa；

g——导线的比载，N/（m·mm²）；

l——挡距，m。

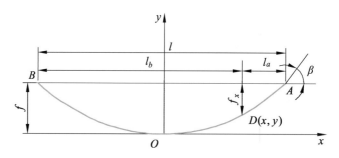

图 4.20　悬线等高时弧垂

同理，在实际工程中当弧垂与挡距之比 $f/l \leq 10\%$ 时，可将式（4.25）中的 x 以 $l/2$ 代入，得最大弧垂的近似计算公式（平面抛物线计算式）：

$$f = \frac{gl^2}{8\sigma_0} \tag{4.26}$$

式（4.26）在线路设计中会经常用到。

2）任意一点的弧垂计算

任意一点的弧垂可表示为

$$f_x = f - y \tag{4.27}$$

利用悬链线方程进行计算，可代入式（4.27），经整理得：

$$f_x = \frac{\sigma_0}{g}\left(\text{ch}\frac{gl}{2\sigma_0} - \text{ch}\frac{gx}{2\sigma_0}\right) = 2\frac{\sigma_0}{g}\left(\text{sh}\frac{g}{2\sigma_0}l_a - \text{sh}\frac{g}{2\sigma_0}l_b\right) \tag{4.28}$$

式中，l_a、l_b 为导线任一点 $D(x, y)$ 到悬挂点 A、B 的水平距离。

若利用平抛物线方程，得到任意一点弧垂的近似计算式：

$$f_x = \frac{gl^2}{8\sigma_0} - \frac{gx^2}{2\sigma_0} = \frac{g}{2\sigma_0}\left(\frac{l^2}{4} - x^2\right) = \frac{g}{2\sigma_0}\left(\frac{l}{2} - x\right)\left(\frac{l}{2} + x\right) = \frac{g}{2\sigma_0}l_a l_b \tag{4.29}$$

2. 导线的应力

1）导线的受力特点

由于将导线视为柔索，则导线在任一点仅承受切向张力。因导线不同点处自身重量不同，则切向张力也是不同的，即导线的张力随导线的长度而变化。

在线路设计中主要关心两个特殊点的受力情况：一是导线最低点受力；二是导线悬挂点受力。

导线的受力特点，由受力三角形分析，导线在任一点受到的张力大小均可分解为垂直分量和水平分量两个分力，其特点是：

（1）导线最低点处只承受水平张力，而垂直张力为零；

（2）导线任一点水平张力等于导线最低点的张力；

（3）导线任一点张力的垂直分量等于该点到导线最低点之间导线上的荷载（G）。

2）导线上任意一点的应力

导线悬挂点等高时，其导线的应力计算如下：

根据前述的导线受力条件，导线在任一点的张力 T_x 为

$$T_x^2 = T_0^2 + (gSL_x)^2 \tag{4.30}$$

要消去不定量弧长 L_x，用导线其他已知数据表示，即悬链线方程和弧长方程可以导出：

$$\left(y + \frac{\sigma_0}{g}\right)^2 - L_x^2 = \frac{\sigma_0^2}{g^2} \tag{4.31}$$

方程两边同乘以 $(gS)^2$ 得：

$$\left(y + \frac{\sigma_0}{g}\right)^2 (gS)^2 - (gSL_x)^2 = (S\sigma_0)^2 = T_0^2 \tag{4.32}$$

将方程式代入，且对应项相等关系，可得：

$$T_x = ygs + \sigma_0 S \tag{4.33}$$

则得导线上任意一点处的轴向应力为

$$\sigma_X = \frac{T_x}{S} = yg + \sigma_0 \tag{4.34}$$

此为导线应力计算中的重要公式，它表明导线任一点的应力等于导线最低点的应力再加上该点纵坐标与比载的乘积，且为代数和。

还可以得到导线轴向应力的另一种计算公式，即

$$\sigma_x^2 = \sigma_0^2 + (gL_x)^2 \qquad (4.35)$$

即由受力三角形关系除以 S 直接得到，它表示导线任一点应力等于其最低点的应力和此点到最低点间导线上单位面积荷载的矢量和。

其形式还可以表示为

$$\sigma_x = \sqrt{\sigma_0^2 + (gL_x)^2} = \frac{\sigma_0}{\cos\alpha} \qquad (4.36)$$

式中，α 为导线任一点切线方向与 x 轴的夹角。

3）导线悬挂点的应力

导线悬挂点的轴向应力 σ_A 根据式（4.34）、式（4.35）可得到

$$\sigma_A = \sigma_0 + y_A g = \sigma_0 + fg$$

或
$$\sigma_A = \sqrt{\sigma_0^2 + (gL_{OA})^2} \qquad (4.37)$$

4）一挡线长

在不同气象条件下，作用在导线上的荷载不同，这还将引起导线的伸长或收缩，因此线长 L 也是一个变化量。尽管线路设计中很少直接用到这个量，但线路计算的诸多公式大都与它有关。

导线最低点至任一点的曲线弧长为

$$L_x = \frac{\sigma_0}{g}\text{sh}\frac{g}{\sigma_0}x \qquad (4.38)$$

悬挂点等高时，令 $x = l/2$ 代入式（4.38）得到半挡线长，则一挡线长为

$$L = \frac{2\sigma_0}{g}\text{sh}\frac{gl}{2\sigma_0} \qquad (4.39)$$

式中，L 为悬点等高时一挡线长，m。

一挡线长展开成级数表达式：

$$L = l + \frac{g^2 l^3}{24\sigma_0^2} + \frac{g^4 l^5}{1\,920\sigma_0^4} + \cdots \qquad (4.40)$$

在挡距 l 不太大时，可取式（4.40）中前两项作为一挡线长的平抛物线近似公式：

$$L = l + \frac{g^2 l^3}{24\sigma_0^2} \qquad (4.41)$$

又可写成：

$$L = l + \frac{8}{3}\left(\frac{gl^2}{8\sigma_0}\right)^2 \frac{1}{l} = l + \frac{8f^2}{3l} \qquad (4.42)$$

4.2.3.2 悬挂点不等高时导线的应力与弧垂

1. 导线的斜抛物线方程

导线悬垂曲线的悬链线方程由假定荷载沿导线曲线弧长的均匀分布导出，是精确的计算方法。工程计算中，在满足计算精度要求的情况下，可采用较简单的近似计算方法。

前述的平抛物方程是简化计算形式之一，但若用于悬挂点不等高且高差较大的情况进行计算，可能造成较大误差。为此，又引出了悬垂曲线的斜抛物线方程式，适用于悬挂点不等高时的近似计算公式。

斜抛物线方程的假设条件为：作用在导线上的荷载沿悬挂点连线 AB 均匀分布，即用斜线代替弧长，如图 4.21 所示。这一假设与荷载沿弧长均匀分布有些差别，但实际上一挡内导线弧长与线段 AB 的长度相差很小，因此，这种假设符合精度要求。

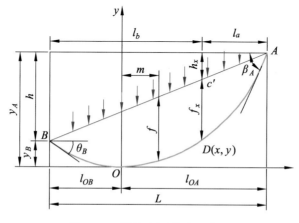

图 4.21 悬挂点不等高示意图

在上述假设下，导线 OD 段的受力情况如图 4.22 所示。此时垂直荷重的弧长 L_x 换成了 $x/\cos\varphi$，相当于把水平距离 x 折算到斜线上。

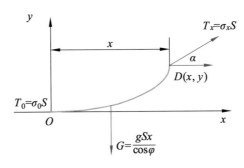

图 4.22　OD 段的受力图

根据静力学平衡条件，y 向受力代数和为

$$T_0 \tan\alpha = \frac{gxS}{\cos\varphi}$$

又有：

$$\sigma_0 S \frac{\mathrm{d}y}{\mathrm{d}x} = \frac{gxS}{\cos\varphi}$$

$$\frac{\mathrm{d}y}{\mathrm{d}x} = \frac{gx}{\sigma_0 \cos\varphi}$$

对上式进行积分，并根据所选的坐标系确定积分常数为零，可得到导线悬垂曲线的斜抛物线方程：

$$y = \frac{gx^2}{2\sigma_0 \cos\varphi} \tag{4.43}$$

式中，φ 为高差角。其他符号意义同前。

根据弧长微分式 $\mathrm{d}L_x = \sqrt{1 + \left(\dfrac{\mathrm{d}y}{\mathrm{d}x}\right)^2}\,\mathrm{d}x$，将以下关系式：

$$\frac{\mathrm{d}y}{\mathrm{d}x} = \frac{gx}{\sigma_0 \cos\varphi}$$

代入可得斜抛物线方程下的弧长方程为（取前两项）

$$L_x = x + \frac{g^2 x^3}{6\sigma_0^2 \cos^2 \varphi}$$

此时是在讨论悬挂点不等高情况下的导线力学及几何关系。通过分析导线最低点到悬挂点之间的两种距离，即水平距离和垂直距离的几何关系，从而导出使用斜抛物线方程下的导线应力、弧垂及线长的计算公式。如图 4.22 所示，将坐标原点选在导线最低点，显然，随着坐标原点的不同，方程的表达式也有所不同。

1）水平距离

用斜抛物线方程计算时，可知导线最低点到悬挂点之间的水平距离和垂直距离的关系为

$$y_A = \frac{g l_{OA}^2}{2\sigma_0 \cos \varphi} \tag{4.44}$$

$$y_B = \frac{g l_{OB}^2}{2\sigma_0 \cos \varphi} \tag{4.45}$$

式中　y_A、y_B——最低点到悬挂点的垂直距离，m；

　　　　l_{OA}、l_{OB}——最低点到悬挂点的水平距离，m；

　　　其他符号意义同前。

2）悬挂点的高差

$$h = y_A - y_B = \frac{g}{2\sigma_0 \cos \varphi}(l_{OA}^2 - l_{OB}^2) \tag{4.46}$$

其中，挡距 $l = l_{OA} + l_{OB}$；高差与挡距的关系有：$h = l \tan \varphi$ 以及 $\sin \varphi = \tan \varphi \cos \varphi$。联立求解得：

$$l_{OA} = \frac{l}{2} + \frac{\sigma_0 h \cos \varphi}{gl} = \frac{l}{2} + \frac{\sigma_0}{g}\sin \varphi = \frac{l}{2}\left(1 + \frac{h}{4f}\right) \tag{4.47}$$

$$l_{OB} = \frac{l}{2} - \frac{\sigma_0 h \cos \varphi}{gl} = \frac{l}{2} - \frac{\sigma_0}{g}\sin \varphi = \frac{l}{2}\left(1 - \frac{h}{4f}\right) \tag{4.48}$$

其中　　　　$f = \frac{g l^2}{8\sigma_0 \cos \varphi}$

式中　f——挡内导线最大弧垂。

另外，l_{OB} 为代数量，据坐标关系，悬挂点 B 在导线最低点 O 的左侧时，它为负值。

导线最低点至挡距中央距离为

$$m = l_{OA} - \frac{l}{2} = \frac{l}{2} - l_{OB} = \frac{\sigma_0 h \cos\varphi}{gl} = \frac{\sigma_0}{g}\sin\varphi \tag{4.49}$$

3）垂直距离

$$y_A = \frac{gl_{OA}^2}{2\sigma_0\cos\varphi} = f\left(1 + \frac{h}{4f}\right)^2 \tag{4.50}$$

$$y_B = \frac{gl_{OB}^2}{2\sigma_0\cos\varphi} = f\left(1 - \frac{h}{4f}\right)^2 \tag{4.51}$$

4）悬挂点不等高时的最大弧垂

在悬挂点不等高的一挡导线上作一条辅助线平行于 AB，且与导线相切于 D 点，显然相切点的弧垂一定是挡内的最大弧垂。通过证明可知最大弧垂处于挡距的中央。

用抛物线方程确定导线上任一点 $D(x, y)$ 的弧垂 f_x，则在图中 C' 点和 A 点的高差为

$$\begin{aligned}
h_x &= (l_{OH} - x)\tan\varphi = (l_{OH} - x)\frac{h}{l} = \frac{(l_{OA} - x)}{l}(y_A - y_B) \\
&= \frac{(l_{OH} - x)}{l} \times \frac{g}{2\sigma_0\cos\varphi}\varphi(l_{OH}^2 - l_{OB}^2) \\
&= \frac{g}{2\sigma_0\cos\varphi}(l_{OH} - x)(l_{OH} - l_{OB})
\end{aligned} \tag{4.52}$$

弧垂 f_x 为

$$\begin{aligned}
f_A &= y_A - y - h_A = \frac{g(l_{OH}^2 - x^2)}{2\sigma_0\cos\varphi} - \frac{g}{2\sigma_0\cos\varphi}(l_{OH} - x)(l_{OH} - l_{OB}) \\
&= \frac{g}{2\sigma_0\cos\varphi}(l_{OH} - x)(l_{OB} + x) = \frac{g}{2\sigma_0\cos\varphi}l_a l_b
\end{aligned} \tag{4.53}$$

式中　l_a、l_b——导线上任一点 $D(x, y)$ 到导线悬挂点 A、B 的水平距离；其他符号意义同前。

确定挡内最大弧垂的另一种方法为：对导线上任一点弧垂的函数求导，并令其为零（极值法），即对式（4.53）求导，且 $\dfrac{\mathrm{d}f_x}{\mathrm{d}x} = 0$，解出 $x = \dfrac{\sigma_0}{g}\sin\varphi$。

以上结果为导线最低点到挡距中央的水平距离。由此得出结论：导线悬挂点等高时，挡内最大弧垂一定位于挡距中央；而导线悬挂点不等高时，挡内最大弧垂仍位于

挡距中央。但注意若用悬链线方程推证，则悬挂点不等高时，最大弧垂并不真正在挡距中央处，证明略。

最大弧垂出现在挡距中央，即 $l_a = l_b = l/2$ 时，代入式中，得到最大弧垂计算式为

$$f_{max} = \frac{gl^2}{8\sigma_0 \cos\varphi} \tag{4.54}$$

2. 导线的应力

导线上任意一点的轴向应力为

$$\sigma_X = \sigma_0 + yg \quad 或 \quad \sigma_X = \frac{\sigma_0}{\cos\varphi} \tag{4.55}$$

悬挂点 A 的应力为

$$\sigma_A = \sigma_0 + \frac{gl_{OA}^2}{2\sigma_0 \cos\varphi} \tag{4.56}$$

悬挂点 B 的应力为

$$\sigma_B = \sigma_0 + \frac{gl_{OB}^2}{2\sigma_0 \cos\varphi} \tag{4.57}$$

3. 一挡线长

悬挂点不等高，一挡线长用斜抛物线方程计算时，其精度不高，因此工程中采用悬链线方程导出的线长方程近似式作为斜抛物线线长的计算公式（证明略），即

$$L = \frac{l}{\cos\varphi} + \frac{g^2 l^3 \cos\varphi}{24\sigma_0^2} \tag{4.58}$$

4.2.3.3 水平挡距和垂直挡距

1. 水平挡距和水平荷载

在线路设计中，对导线进行力学计算的目的主要有两个：一是确定导线应力大小，以保证导线受力不超过允许值；二是确定杆塔受到导线及避雷线的作用力，以验算其强度是否满足要求。杆塔的荷载主要包括导线和避雷线的作用结果，以及风速、覆冰和绝缘子串的作用。就作用方向而言，这些荷载又分为垂直荷载、横向水平荷载和纵向水平荷载。

为分析每基杆塔会承受多长导线及避雷线上的荷载，引出了水平挡距和垂直挡距的概念。

　　悬挂于杆塔上的一挡导线，由于风压作用而引起的水平荷载将由两侧杆塔承担。风压水平荷载是沿线长均布的荷载，在平抛物线近似计算中，假定一挡导线长等于挡距，若设每米长导线上的风压荷载为 P，则 AB 挡导线上的风压荷载 $P_1 = pl_1$。

　　由 AB 两杆塔平均承担；AC 挡导线上的风压荷载 $P_2 = pl_2$，由 AC 两杆塔平均承担。

　　如图 4.23 所示，此时对 A 杆塔来说，所要承担的总风压荷载为

$$P = \frac{P_1}{2} + \frac{P_2}{2} = p\left(\frac{l_1}{2} + \frac{l_2}{2}\right) \tag{4.59}$$

令 $l_h = \left(\dfrac{l_1}{2} + \dfrac{l_2}{2}\right)$，则

$$P = pl_h$$

式中　P——每米导线上的风压荷载，N/m；

　　　　l_h——杆塔的水平挡距，m；

　　　　l_1、l_2——计算杆塔前后两侧挡距，m；

　　　　P——导线传递给杆塔的风压荷载，N。

　　可知，某杆塔的水平挡距为该杆两侧挡距之和的算术平均值，它表示有多长导线的水平荷载作用在某杆塔上。水平挡距用于计算导线传递给杆塔的水平荷载。

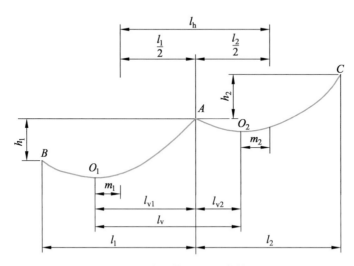

图 4.23　水平挡距和垂直挡距

　　严格说来，悬挂点不等高时杆塔的水平挡距计算式为

$$l_{\mathrm{h}} = \frac{1}{2}\left(\frac{l_1}{\cos\varphi_1} + \frac{l_2}{\cos\varphi_2}\right) \approx \frac{1}{2}(l_1 + l_2) \tag{4.60}$$

只是悬挂点接近等高时，一般用式 $l_{\mathrm{h}} = \left(\dfrac{l_1}{2} + \dfrac{l_2}{2}\right)$，其中单位长度导线上的风压荷载 p，根据比载的定义可按下述方法确定。

当计算气象条件为有风无冰时，比载取 g_4，则 $p = g_4 S$；

当计算气象条件为有风有冰时，比载取 g_5，则 $p = g_5 S$，因此导线传递给杆塔的水平荷载为

$$无冰时，\quad p = g_4 S l_{\mathrm{h}} \tag{4.61}$$

$$有冰时，\quad p = g_5 S l_{\mathrm{h}} \tag{4.62}$$

式中 S——导线截面面积，mm^2。

2. 垂直挡距和垂直荷载

如图 4.23 所示，O_1、O_2 分别为 l_1 挡和 l_2 挡内导线的最低点，l_1 挡内导线的垂直荷载（自重、冰重荷载）由 B、A 两杆塔承担，且以 O_1 点划分，即 BO_1 段导线上的垂直荷载由 B 杆承担，$O_1 A$ 段导线上的垂直荷载由 A 杆承担。同理，AO_2 段导线上的垂直荷载由 A 杆承担，$O_2 C$ 段导线上的垂直荷载由 C 杆承担。可得：

$$G = gSL_{O_1A} + gSL_{AO_2} \tag{4.63}$$

在平抛物线近似计算中，设线长等于挡距，即 $L_{O_1A} = l_{v1}$，$L_{O2A} = l_{v2}$，则

$$G = gS(l_{v1} + l_{v2}) = gSl_{v} \tag{4.64}$$

式中 G——导线传递给杆塔的垂直荷载，N；

$\qquad g$——导线的垂直比载，$\mathrm{N/(m \cdot mm^2)}$；

$\qquad l_{v1}$、l_{v2}——计算杆塔的一侧垂直挡距分量，m；

$\qquad l_{v}$——计算杆塔的垂直挡距，m；

$\qquad S$——导线截面面积，$\mathrm{m \cdot m^2}$。

由图 4.23 可以看出，计算垂直挡距即计算杆塔两侧挡导线最低点 O_1、O_2 之间的水平距离。由前可知，导线传递给杆塔的垂直荷载与垂直挡距成正比。其中：

$$l_{v1} = \frac{l_1}{2} + m_1$$

$$l_{v2} = \frac{l_2}{2} - m_2$$

m_1、m_2 分别为 l_1 挡和 l_2 挡中导线最低点对挡距中点的偏移值，可得：

$$m_1 = \frac{\sigma_0 h_1}{g l_1}, \quad m_2 = \frac{\sigma_0 h_2}{g l_2}$$

结合图 4.23 中所示最低点偏移方向，A 杆塔的垂直挡距为

$$l_v = l_{v1} + l_{v2} = \frac{l_1}{2} + \frac{\sigma_0 h_1}{g l_1} + \frac{l_2}{2} - \frac{\sigma_0 h_2}{g l_2}$$

$$= l_h + \frac{\sigma_0}{g}\left(\frac{h_1}{l_1} - \frac{h_2}{l_2}\right)$$

综合考虑各种高差情况，可得垂直挡距的一般计算公式：

$$l_v = l_h + \frac{\sigma_0}{g}\left(\pm\frac{h_1}{l_1} \pm \frac{h_2}{l_2}\right) \tag{4.65}$$

式中　g、σ_0——计算气象条件时导线的比载和应力，N/（m·mm²），MPa；

h_1、h_2——计算杆塔导线悬点与前后两侧导线悬点间高差，m。

垂直挡距 l_v 表示了一定长度的导线的垂直荷载作用在某杆塔上。式（4.65）括号中正负的选取原则：以计算杆塔导线悬点高为基准，分别观测前后两侧导线悬点，如对方悬点低取正，对方悬点高取负。

式中导线垂直比载 g 应按计算条件选取，如计算气象条件无冰，比载取 g_1，如有冰，比载取 g_3。

垂直挡距随气象条件变化，所以对同一悬点所受垂直力大小是变化的，甚至可能在某一气象条件受下压力作用，而当气象条件变化后，在另一气象条件则可能受上拔力作用。

【例】　某一条 110 kV 输电线路，导线为 LGJ-150/25 型，导线截面面积为 $S = 173.11$ mm²，线路中某杆塔前后两挡布置如图 4.24 所示。

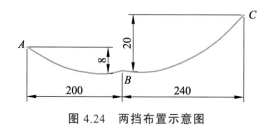

图 4.24　两挡布置示意图

导线在自重和大风气象条件时导线的比载分别为 $g_1 = 34.047 \times 10^{-3}$ N/（m·mm²）；$g_4 = 44.954 \times 10^{-3}$ N/（m·mm²）；$g_6 = 56.392 \times 10^{-3}$ N/（m·mm²）。试求：

（1）若导线在大风气象条件时应力 $\sigma_0 = 120$ MPa，B 杆塔的水平挡距和垂直挡距各为多大？作用于悬点 B 的水平力和垂直力各为多大？

（2）当导线应力为多大时，B 杆塔垂直挡距为正值？

解：水平挡距：$l_h = \dfrac{l_1}{2} + \dfrac{l_2}{2} = \dfrac{200 + 240}{2} = 220$（m）

垂直挡距：

$$l_v = l_h + \frac{\sigma_0}{g}\left(\pm \frac{h_1}{l_1} \pm \frac{h_2}{l_2} \right) = 220 + \frac{120}{56.392 \times 10^{-3}}\left(-\frac{8}{200} - \frac{20}{240} \right) = -42.45\,(\text{m})$$

水平力：$p = g_4 S l_h = 44.954 \times 10^{-3} \times 173.11 \times 220 = 1\,712.04$（N）

垂直力：$p = g_1 S l_v = 34.047 \times 10^{-3} \times 10^{-3} \times 173.11 \times (-42.45) = -250.2$（N）

在本例中，B 悬点两侧垂直挡距分量分别为

$$l_{v1} = \frac{l_1}{2} - \frac{\sigma_0 h_1}{g l_1} = \frac{200}{2} - \frac{120 \times 8}{56.392 \times 10^{-3} \times 200} = 14.88\,(\text{m}) \left.\vphantom{\frac{\frac{1}{2}}{\frac{1}{2}}}\right\}$$

$$l_{v2} = \frac{l_2}{2} - \frac{\sigma_0 h_2}{g l_2} = \frac{240}{2} - \frac{120 \times 20}{56.392 \times 10^{-3} \times 240} = -57.33\,(\text{m})$$

所以，此时垂直力计算结果为负值，说明方向向上，即悬点 B 受上拔力作用。

按格式要求 $l_v > 0$，即

$$l_h + \frac{\sigma_0}{g}\left(-\frac{h_1}{l_1} - \frac{h_2}{l_2} \right) \geqslant 0 \left.\vphantom{\frac{\frac{1}{2}}{\frac{1}{2}}}\right\}$$

$$\sigma_0 \leqslant \frac{g l_h}{\dfrac{h_1}{l_1} + \dfrac{h_2}{l_2}} = \frac{56.392 \times 10^{-3} \times 220}{8/200 + 20/240} = 100.59\,(\text{MPa})$$

导线应力 $\sigma_0 \leqslant 100.59$（MPa），则 $l_v \geqslant 0$。

在此可以看到，在比载不变时，对于低悬点，垂直挡距随应力增加而减小；反之，对于高悬点，则垂直挡距随应力增加而增大。确切地说，垂直挡距随气象条件变化是由应力和比载的比值 $\dfrac{\sigma_0}{g}$ 决定的，对于低悬点，在 $\dfrac{\sigma_0}{g}$ 最大的气象条件时垂直挡距最小；对于高悬点，在 $\dfrac{\sigma_0}{g}$ 最大的气象条件时垂直挡距最大。

4.2.3.4 导线的状态方程

观察导线悬垂曲线方程以及导线的应力、弧垂和有关几何量的各种公式，不难发现，在这些关系式中均含有一个共同量为 σ_0，即导线最低点的水平应力。显然只有 σ_0 一经确定，其他各量才能确定，因此，σ_0 是导线力学计算中最关键的一个参量。

由于气象条件变化时，架空线所受温度和荷载也发生变化，相应其水平应力 σ_0 和弧垂 f 也随之变化。

为此要确定 σ_0 大小，则必须要研究气象条件（或称状态）变化时，导线的应力会怎样变化，因而引出了状态方程，即导线内的水平应力随气象条件的变化规律可用导线状态方程描述。

1. 导线在孤立挡距中的状态方程

1）导线的线长变化

导线的线长变化与两个因素有关：一是温度改变使导线热胀冷缩；二是应力改变使导线产生弹性变形。

而这两个因素均由气象条件决定（比载和温度），为此利用线长变化确定气象条件与导线应力之间的变化规律。

（1）温度变化引起线长的变化。

设导线原长为 L，当温度变化由 t_1 变为 t_2 时，变化量为 $\Delta t = t_2 - t_1$，使导线伸长为 ΔL，相对伸长率为 $\varepsilon = \Delta L / L$。依据线膨胀系数关系有，$\varepsilon = \alpha(t_2 - t_1) = \alpha \Delta t$，则 $\Delta L = \alpha \Delta t L$，其导线长度变化为

$$L_t = L + \Delta L = (1 + \alpha \Delta t)L$$

上式为温度变化引起导线长度变化的关系式。

（2）应力变化引起线长的变化。

假定在弹性变形内，则导线应力与变形之间符合胡克定律。设应力变化量为 $\Delta \sigma$，使导线伸长为 ΔL，相对伸长率为 $\varepsilon = \Delta L / L$，依据胡克定律 $\sigma = E\varepsilon$ 关系，则有 $\Delta L = \varepsilon L = \Delta \sigma L \dfrac{1}{E}$，其导线长度变化为

$$L_\sigma = L + \Delta L = \left(1 + \Delta \sigma \frac{1}{E}\right)L$$

上式为应力变化引起导线长度变化的关系式。

2）状态方程的建立

在承受一定气象条件下，导线在不同状态下与其应力之间的变化关系，即为状态方程。

设导线在温度为 t_m、比载为 g_m、应力为 σ_m 时的线长为 L_m，称 m 状态，而气象条件变化后，设温度为 t_n、比载为 g_n、应力为 σ_n 时的线长为 L_n，称 n 状态。

显然前后两种状态下，$L_n \neq L_m$，这是由于弹性变形和热膨胀变形的共同影响所得到的结果。L_m 与 L_n 满足如下关系：

$$L_n = L_m(1 + \alpha \Delta t)\left(1 + \frac{1}{E}\Delta \sigma\right) \tag{4.66}$$

将式（4.66）展开：

$$L_n = L_m\left(1 + \alpha \Delta t + \frac{1}{E}\Delta \sigma + \alpha \frac{1}{E}\Delta t \Delta \sigma\right) = L_m + L_m\left(\alpha \Delta t + \frac{1}{E}\Delta \sigma + \alpha \frac{1}{E}\Delta t \Delta \sigma\right)$$

由于 $\alpha \frac{1}{E}$ 数量级很小，可略去，略去上式尾项后得：

$$L_n = L_m + L_m\left(\alpha \Delta t + \frac{1}{E}\Delta \sigma\right) \tag{4.67}$$

将改变量 $\Delta t = t_n - t_m$，$\Delta \sigma = \sigma_n - \sigma_m$ 代入式（4.67）则可得：

$$L_n = L_m + L_m\left[\alpha(t_n - t_m) + \frac{1}{E}(\sigma_n - \sigma_m)\right]$$

利用式（4.41）线长公式，m、n 两状态下分别为

$$L_m = l + \frac{g_m^2 l^3}{24\sigma_m^2}, \quad L_n = l + \frac{g_n^2 l^3}{24\sigma_n^2} \tag{4.68}$$

代入得：

$$l + \frac{g_n^2 l^3}{24\sigma_n^2} = l + \frac{g_m^2 l^3}{24\sigma_m^2} + \left[\alpha(t_n - t_m) + \frac{1}{E}(\sigma_n - \sigma_m)\right]L_m$$

由于式中右边尾项数值较小，假定令 $L_m = l$，代入整理后得：

$$\sigma_n - \frac{Eg_n^2 l^2}{24\sigma_n^2} = \sigma_m - \frac{Eg_m^2 l^2}{24\sigma_m^2} - \alpha E(t_n - t_m) \tag{4.69}$$

式中　　g_m——初始气象条件下的比载，N/（m·mm²）；

$\quad\quad\quad g_n$——待求气象条件下的比载，N/（m·mm²）；

$\quad\quad\quad t_m$——初始气象条件下的温度，℃；

$\quad\quad\quad t_n$——待求气象条件下的温度，℃；

$\quad\quad\quad \sigma_m$——在温度 t_m 和比载 g_m 时的应力，MPa；

$\quad\quad\quad \sigma_n$——在温度 t_n 和比载 g_n 时的应力，MPa；

$\quad\quad\quad \alpha$——线温度线膨胀系数，1/℃；

$\quad\quad\quad E$——导线的弹性系数，MPa；

$\quad\quad\quad l$——挡距，m。

式（4.69）为架空线在悬挂点等高时的状态方程，如果温度为 t_m、比载为 g_m 时的导线应力 σ_m 已知，可求出温度为 t_n、比载为 g_n 时的导线应力 σ_n。状态方程是导线力学计算中的重要工具。

为了便于计算，通常将方程式中的各物理量组合成系数，令：

$$A = \frac{Eg_m^2 l^2}{24\sigma_m^2} - \sigma_m + \alpha E(t_n - t_m)$$

$$B = \frac{Eg_n^2 l^2}{24} \tag{4.70}$$

则状态方程变为如下形式：

$$\sigma_n^2(\sigma_n + A) = B \tag{4.71}$$

式（4.71）为三次方程，其常用的解法有试算法和迭代法。试算法较为简便，但精度低；迭代法计算量大，但精度高，适合用计算机运算。

这里强调：状态方程的基本形式，必须熟悉其结构，在后续导线力学计算中会经常使用。

2. 连续挡距的代表挡距及状态方程

状态方程式由按悬挂点等高的一个孤立挡距推出。但在实际工程中，一个耐张段通常包含多个不同的挡距，如 $l_1, l_2, l_3, \cdots, l_n$，即一个耐张段中由若干个挡距集合构成的挡距，称为连续挡距。实际上，在架空线路设计中经常遇到连续挡的情况。

首先需要分析一下连续挡导线的受力所具有的特点：

　　通常线路施工时是按一个耐张段对各挡导线共同紧线，紧线之后各直线杆的悬垂绝缘子串均处于铅直的平衡位置，此现象表明悬垂绝缘子串两侧的拉力是相等的，或说各挡导线的水平应力是相同的。如果连续挡中各挡线长一致，且悬挂点均等高，则气象条件变化后，各挡导线应力将会按相同的规律变化，其结果是各挡导线的水平应力仍相等。此时绝缘子串仍处于铅直平衡位置，相应各挡导线悬挂点的位置不变，各挡的挡距长短也不变。由此分析表明，连续挡导线的应力随气象条件变化规律类似于一个孤立挡的情况，这时连续挡的力学分析完全可以仿效孤立挡的力学计算。但实际上，由于地形条件的限制，连续挡的各挡长度及悬点高度并不完全相同。因此，当气象条件变化后，各挡导线水平应力并不是完全相等的。

　　结果引起绝缘子串顺线路方向发生偏移，导致相应导线悬挂点位置发生位移，进而使各挡的挡距也发生改变。由此得出连续挡的特点如下：

　　（1）连续挡各挡导线应力之间是相互影响的，应力是变化量；

　　（2）连续挡导线悬挂点位置不固定，挡距也是变化量。

　　综上所述，当气象条件改变后，连续挡的应力和挡距均为变量，而孤立挡的挡距总是常数，只有应力是变量，如果连续挡有 K 个挡距，则气象条件改变后，未知量数就有 $2K$ 个，在数学上需列出 $2K$ 个方程组来联立求解，其计算过程较为复杂。

　　因此，为了简化连续挡距中架空线应力的计算，工程设计中一般采用近似方法——代表挡距法，即将连续挡挡距用一个等价孤立的挡距代表，此等价的孤立挡距称为代表挡距。

　　其中有一个假设条件，即气象条件变化后，各挡导线的应力仍相等。由于连续挡距中的架空线在安装时，各挡距的水平张力是按同一值架设，其悬垂绝缘子串处于垂直状态，但当气象情况变化后，各挡距中导线的水平张力和水平应力将因各挡距长度的差异而大小不等，这时各直线杆塔上的悬垂绝缘子串将因两侧水平张力不等而向张力大的一侧偏斜，而偏斜的结果又促使两侧水平张力重新获得基本平衡。

　　所以，除挡距长度、高差悬殊者外，一般情况下，耐张段中各挡距在各种气象条件下的导线水平张力和水平应力总是相等或基本相等，这实际上是假设在新的平衡状态下把各挡的应力视为一等值应力。对于孤立挡求导线应力时，在状态方程中使用孤立挡的挡距；但对于连续挡求导线应力时，在状态方程中应代入代表挡距，又称规律挡距，其实际含义是把连续挡等值为一个孤立挡意义下的挡距。

　　根据孤立挡的状态方程式可写出耐张段中各挡距（n 个）的状态方程式分别为

$$\sigma_n - \frac{Eg_n^2 l_1^2}{24\sigma_n^2} = \sigma_m - \frac{Eg_m^2 l_1^2}{24\sigma_m^2} - \alpha E(t_n - t_m)$$

$$\sigma_n - \frac{Eg_n^2 l_2^2}{24\sigma_n^2} = \sigma_m - \frac{Eg_m^2 l_2^2}{24\sigma_m^2} - \alpha E(t_n - t_m)$$

$$\cdots\cdots$$

$$\sigma_n - \frac{Eg_n^2 l_n^2}{24\sigma_n^2} = \sigma_m - \frac{Eg_m^2 l_n^2}{24\sigma_m^2} - \alpha E(t_n - t_m)$$

将以上各方程两端分别乘以 $l_1, l_2, l_3, \cdots, l_n$，然后将它们各项相加得：

$$\sigma_n(l_1 + l_2 + \cdots + l_n) - \frac{Eg_n^2}{24\sigma_n^2}(l_1^3 + l_2^3 + \cdots + l_n^3)$$

$$= \sigma_m(l_1 + l_2 + \cdots + l_n) - \frac{Eg_m^2}{24\sigma_m^2}(l_1^3 + l_2^3 + \cdots + l_n^3) - \alpha E(t_n - t_m)(l_1 + l_2 + \cdots + l_n)$$

再将上式两端均除以耐张段长度 $(l_1 + l_2 + l_3 + \cdots + l_n)$，可得：

$$\sigma_n - \frac{Eg_n^2}{24\sigma_n^2}\left(\frac{l_1^3 + l_2^3 + \cdots + l_n^3}{l_1 + l_2 \cdots + l_n}\right) = \sigma_m - \frac{Eg_m^2}{24\sigma_m^2}\left(\frac{l_1^3 + l_2^3 + \cdots + l_n^3}{l_1 + l_2 + \cdots + l_n}\right) - \alpha E(t_n - t_m)$$

令

$$l_{re} = \sqrt{\frac{l_1^3 + l_2^3 + \cdots + l_n^3}{l_1 + l_2 + \cdots + l_n}} = \sqrt{\frac{\sum l_i^3}{\sum l_i}} \tag{4.72}$$

则得：

$$\sigma_n - \frac{Eg_n^2 l_{re}^2}{24\sigma_n^2} = \sigma_m - \frac{Eg_m^2 l_{re}^2}{24\sigma_m^2} - \alpha E(t_n - t_m) \tag{4.73}$$

式（4.73）为一个耐张段连续挡的状态方程，其中 l_{re} 为耐张段的代表挡距。

相比可以看出，它们的形式完全相同，只是孤立挡的状态方程式中的挡距取该挡的挡距，而对于一个耐张段连续挡的状态方程，则取耐张段的代表挡距 l_{re}。

当一个耐张段各挡距悬挂点不等高，且需要考虑高差影响时，连续挡的导线状态方程为

$$\sigma_n - \frac{Eg_n^2 l_{re}^2}{24\sigma_n^2} = \sigma_m - \frac{Eg_m^2 l_{re}^2}{24\sigma_m^2} - \alpha_r E(t_n - t_m) \tag{4.74}$$

其中代表挡距为

$$l_{re} = \sqrt{\frac{l_1^3 \cos^3 \varphi_1 + l_2^3 \cos^3 \varphi_2 + \cdots + l_n^3 \cos^3 \varphi_n}{\dfrac{l_1}{\cos \varphi_1} + \dfrac{l_2}{\cos \varphi_2} + \cdots + \dfrac{l_n}{\cos \varphi_n}}} = \sqrt{\frac{\sum l_1^3 \cos^3 \varphi_1}{\sum \left(\dfrac{l_1}{\cos \varphi_1} \right)}} \quad (4.75)$$

$$\alpha_r = \alpha \left[\frac{l_1 + l_2 + \cdots + l_n}{\dfrac{l_1}{\cos \varphi_1} + \dfrac{l_2}{\cos \varphi_2} + \cdots + \dfrac{l_n}{\cos \varphi_n}} \right] = \alpha \left[\frac{\sum l_1}{\sum \left(\dfrac{l_1}{\cos \varphi_1} \right)} \right] \quad (4.76)$$

式中　　l_{re}——计及高差影响时的耐张段代表挡距，m；

　　　　φ_1——耐张段中各挡导线的高差角，(°)；

　　　　α——导线的热膨胀系数，$1/℃$；

　　　　α_r——计及高差影响时的导线热膨胀系数，$1/℃$。

应当指出，导线的热膨胀系数在物理意义上并不存在，需要按高差修正，这实际上是状态方程计及高差影响时分配到热膨胀系数的结果。

3. 悬挂点不等高时的状态方程

当悬挂点不等高，但高差 $\Delta h < 10\%l$ 时，状态方程计算精度可满足工程要求。若悬挂点高差 $\Delta h > 10\%l$ 时（如山区地带），则应考虑高差影响，其状态方程的推导方法和悬挂点等高时方法相同，但一挡线长公式要采用由斜抛物线方程确定的形式，略去推导过程，得到状态方程如下：

$$\sigma_n - \frac{E g_n^2 l^3 \cos^2 \varphi}{24 \sigma_n^2} = \sigma_m - \frac{E g_m^2 l^3 \cos^2 \varphi}{24 \sigma_m^2} - \alpha E \cos \varphi (t_n - t_m) \quad (4.77)$$

式中　　φ——导线悬挂点高差角。

显然，相对于孤立挡而言，连续挡的状态方程更为复杂，通常在较高电压等级的线路、经过特殊跨越地段以及在山区的路径设计时才使用。

4.2.3.5　多种数据源拟合预测分析

对于早期建设的输电线路，存在数据资料缺失等问题，常导致在做开展工况预测分析时，线路 K 值信息不全或数据不完整。针对 K 值缺失问题，已研究出一套状态方程式计算导线弧垂、配合 K 值计算弧垂方式，以解决工况预测分析问题。

1. 弧垂计算方法

1）通过 K 值计算弧垂

导线弧垂：指导线悬挂曲线上任意一点至两侧悬挂点连线的垂直距离，如图 4.25 所示，f_x 为任意点 x 处的弧垂，f_0 为挡距中点 $l/2$ 处的弧垂（最大弧垂出现在挡距中点位置）。

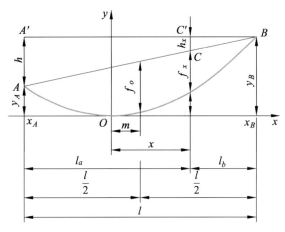

图 4.25　导线弧垂图

K 值的定义：

$$f = \frac{\delta_c}{\gamma_c}\left(\operatorname{ch}\frac{\gamma_c}{2\delta_c} - 1\right) = \frac{\gamma_c l^2}{8\delta_c} + \frac{\gamma_c^3 l^4}{38\delta_c^3} = Kl^2 + \frac{4}{3l^2}(Kl^2)^3$$

$$K = \frac{\gamma_c}{8\delta_c} \qquad\qquad (4.78)$$

式中，f 为最大弧垂；γ_c 为导线最大弧垂时的比载；δ_c 为导线最大弧垂时的应力。

最大弧垂的判别：为了计算电线对地或者其他跨越物的间距，往往需要知道电线可能发生的最大垂直弧垂，最大弧垂可能发生在最高气温或最大载荷时（如覆冰）。由式（4.78）可看出最大弧垂 f 与 K 正相关，因此可通过 $\dfrac{\gamma}{\delta}$ 来判别。

K 值计算方法一：

以某电网公司宝七一回为例。

从图纸（见图 4.26）中可看出耐张段 N1—N6 中最大风速时弧垂 $f = 25.28$，最高气温时弧垂 $f = 26.03$；正常覆冰时弧垂 $f = 25.45$，由此可知最大弧垂工况属性为最高气温。

耐张段起止杆塔号	代表挡距	最大风速		最高气温		外过无风		正常覆冰		年平均气温	最低气温	雷电过电压	操作过电压	安装情况
		应力	弧垂	应力	弧垂	应力	弧垂	应力	弧垂	应力				
龙门架—N1	66	见孤立挡安装表												
N1—N6	612	8.128	25.28	6.017	26.03	6.311	24.82	10.59	25.45	6.311	6.649	6.356	6.535	6.554
N6—N8	568	8.136	21.75	5.997	22.50	6.335	21.30	10.59	21.92	6.335	6.729	6.379	6.556	6.609
N8—N17	546	8.140	20.09	5.986	20.83	6.348	19.64	10.59	20.25	6.348	6.776	6.393	6.568	6.641
N17—N27	745	8.111	37.53	6.058	38.32	6.263	37.07	10.59	37.71	6.263	6.488	6.309	6.492	6.442
N27—N47	607	8.129	24.86	6.015	25.62	6.314	24.40	10.59	25.03	6.314	6.657	6.359	6.537	6.560
N47—N50	566	8.136	21.60	5.996	22.34	6.336	21.14	10.59	21.77	6.336	6.733	6.380	6.557	6.612
N50—N52	341	4.925	12.95	3.580	13.58	3.788	12.84	10.59	13.79	3.834	4.034	3.816	3.974	3.959
N52—N56	387	4.857	16.91	3.568	17.55	3.727	16.80	10.59	17.77	3.762	3.909	3.755	3.901	3.862
N56—N63	467	4.783	25.01	3.555	25.66	3.662	24.90	10.59	25.88	3.685	3.780	3.690	3.825	3.760
N63—N69	338	4.931	12.71	3.581	13.34	3.793	12.59	10.59	13.55	3.840	4.045	3.821	3.980	3.967
N69—N74	453	4.794	23.48	3.556	24.13	3.671	23.38	10.59	24.35	3.696	3.798	3.699	3.835	3.774
N74—N75	613	6.795	29.41	5.192	30.24	5.384	29.16	14.07	31.16	5.425	5.597	5.418	5.5971	5.544
N75—N82	536	8.142	19.35	5.980	20.09	6.355	18.90	10.59	19.52	6.355	6.799	6.399	6.574	6.657
NB2—N83	814	8.105	44.84	6.073	45.63	6.246	44.37	10.59	45.02	6.246	6.433	6.292	6.477	6.404

单位说明：代表挡距/米（m）；应力/十兆帕（10 MPa）；弧垂/米（m）。

图 4.26　导线特性

由工具定义可知：$K = 26.03/（612 \times 612）$；

以上图纸中记录的挡距是代表挡距。

代表挡距的计算方法如下：

$$l_r^2 = \frac{\sum l_i^3}{\sum l_i}$$

（4.79）

式中，l_r 为代表挡距，l_i 为第 i 挡的挡距。

由代表挡距 l_r、K 值可得到代表弧垂 $f_r = Kl_r^2 + \dfrac{4}{3l^2}(Kl^2)^3 \approx Kl_r^2$。

对应的第 i 挡的最大弧垂 $f_i = f_r\left(\dfrac{l_i}{l_r}\right)^2$。

已知第 i 挡的最大弧垂 f_i、挡距 l_i 以及两端的悬挂点，可得导地线的曲线方程。其拟和导线示意图如图 4.27 所示。

图 4.27　拟合导线示意图

为了提高测距时的准确性，考虑导线分裂线覆盖的横截面面积，沿曲线分为四条再测距。分裂线示意图如图 4.28 所示。

图 4.28　分裂线示意图

K 值的计算方法二：

已知激光点云数据采集时的气象数据、导地线的相关参数，也可通过状态方程计算在极端气象条件下可能出现的最大弧垂：

$$\delta_{cm} - \frac{E\gamma_m^2 l_m^2}{24\delta_{cm}^2} = \delta_{cn} - \frac{E\gamma_n^2 l_n^2}{24\delta_{cn}^2} - \alpha E(t_m - t_n) \tag{4.80}$$

其中，δ_{cm}、δ_{cn} 分别为挡距中央已知和待求的应力；γ_m、γ_n 分别为已知和待求情况下的导地线综合比载；E 为导地线的综合弹性模量；α 为综合线性膨胀系数；l_m、l_n 分别为已知挡距和待求挡距；t_m、t_n 分别为已知和状态 n 下的环境温度。

在工程上一般使用以下组合来计算不同工况的最大弧垂：

（1）最高气温无风；

（2）无风，−5 ℃，覆冰；

（3）最大风速。

组合（1）状态下导地线的综合比载不变，组合（2）、（3）综合比载变大。

覆冰状态下导地线的综合比载计算：

$$g_3 = g_1 + g_2 \tag{4.81}$$

式中，g_1 为自重力比载；g_2 为冰重力比载。g_2 的计算方法为

$$g_2 = 9.806\,65 \times 0.9\pi\delta(\delta + d) \times 10^{-3} \tag{4.82}$$

式中，δ 为覆冰厚度，mm；d 为导线、地线的直径。

组合（2）状态下导地线的综合比载为

$$g_6 = \sqrt{g_1^2 + g_4^2} \tag{4.83}$$

式中，g_1 为自重力比载；g_4 为风荷比载。g_4 的计算方法为

$$g_4 = 0.625 v^2 d\alpha\mu_{sc} \times 10^{-3} \tag{4.84}$$

式中，v 为风速；d 为导地线直径；α 为风压不均匀系数；μ_{sc} 为导地线体型系数。

其中风压不均匀系数的取值方法如表 4.4 所示。

表 4.4　风压不均匀系数的取值方法

风速 v/（m/s）	$v<20$	$20 \leqslant v<27$	$27 \leqslant v<31.5$	$31.5 \leqslant v$
α	1.0	0.75	0.61	0.61

通过比较三种状态下的弧垂值可得到最大工况弧垂 K 值：

$$K = \frac{\gamma_c}{8\delta_c}$$

导线风偏时的计算方法如下：

导线在无风状态下受垂直向下的重力以及两端悬挂点的拉力，导线位于垂直平面内，在受风力影响后，导线脱离此平面。设风的比载为 g_w，自重比载为 g_s，则根据力学原理可知：总比载 $g = \sqrt{g_w^2 + g_s^2}$，为计算方便，对坐标进行变换。设当前的基为

$$A = \begin{bmatrix} 1 & 0 & 0 \\ 0 & 1 & 0 \\ 0 & 0 & 1 \end{bmatrix}$$

变换后基变为 $\boldsymbol{B}$。

无风状态下导线受垂直 XOY 平面向下的重力，设重力的方向向量为 $\vec{\boldsymbol{G}}_{\mathrm{s}}=(0,0,-1)$，风吹的方向向量为 $\vec{\boldsymbol{W}}=(a,b,0)$，则综合受力方向为 $\vec{\boldsymbol{C}}=(ag_{\mathrm{w}},bg_{\mathrm{w}},g_{\mathrm{s}})$。

可设：

$$\vec{k}=(-Cx/\|C\|,-Cy/\|C\|,-Cz/\|C\|)$$

$$\vec{s}=\vec{k}\times(0,0,1)$$

$$\vec{i}=\frac{1}{\|\vec{s}\|}\vec{s}$$

$$\vec{m}=\vec{k}\times\vec{i}$$

$$\vec{j}=\frac{1}{\|\vec{m}\|}\vec{m}$$

则可得：

$$\boldsymbol{B}=\begin{bmatrix} i_x & j_x & k_x \\ i_y & j_y & k_y \\ i_z & j_z & k_z \end{bmatrix}$$

将自然状态下的坐标 $P(x,y,z)=[x,y,z]^{\mathrm{T}}$ 变换后的坐标为

$$P'(x,y,z)=\boldsymbol{B}^{-1}P$$

在新的坐标系下导线受垂直于 XOY 平面向下的综合力，以及两端悬挂点的拉力，由此可使用相同的公式计算导线的弧垂。

系统相关功能操作如下：

点击左侧点云数据的耐张段管理；在 K 值输入值处根据线路台账对应的耐张段 K 值录入，如图 4.29 所示。

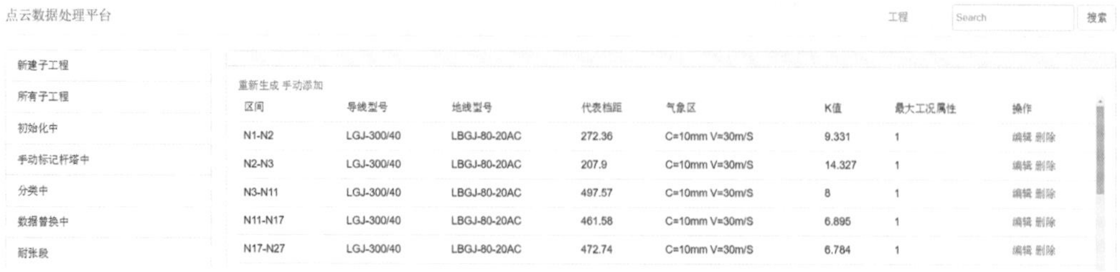
点云数据处理平台
工程
Search
搜索
新建子工程
所有子工程
初始化中
手动标记杆塔中
分类中
数据替换中
耐张段
重新生成 手动添加
区间 导线型号 地线型号 代表档距 气象区 K值 最大工况属性 操作
N1-N2 LGJ-300/40 LBGJ-80-20AC 272.36 C=10mm V=30m/S 9.331 1 编辑 删除
N2-N3 LGJ-300/40 LBGJ-80-20AC 207.9 C=10mm V=30m/S 14.327 1 编辑 删除
N3-N11 LGJ-300/40 LBGJ-80-20AC 497.57 C=10mm V=30m/S 8 1 编辑 删除
N11-N17 LGJ-300/40 LBGJ-80-20AC 461.58 C=10mm V=30m/S 6.895 1 编辑 删除
N17-N27 LGJ-300/40 LBGJ-80-20AC 472.74 C=10mm V=30m/S 6.784 1 编辑 删除

图 4.29　状态方程式拟合导线图参数信息

2）通过悬链线方程计算弧垂

基于导线弧垂空间形态的数值拟合技术，利用悬链线方程拟合导线弧垂，量测和计算所有地物点到线路的距离。具体包括以下技术步骤：

（1）悬链线方程建立。

为构建电力线方程的数学模型，首先对电力线进行受力分析，如图 4.30 所示。为分析方便，假定悬挂于 A、B 两点间的一根电力线的悬挂点高度相等，以导线的最低点 O 点为原点建立直角坐标系。

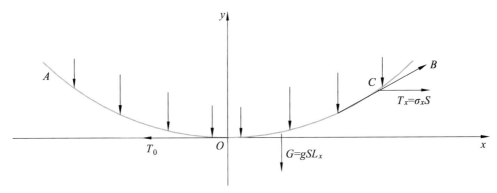

图 4.30　导线受力分析示意图

同时假定电力线固定在其所在的平面，且该平面可随电力线一起摆动，显然这是一个平面力系。在这个坐标中，可按照力学理论的悬链线关系进行导线的局部受力分析。首先在导线上任取一点 C，然后分析 OC 段导线的受力关系，如图 4.30 所示。此 OC 段导线受三个力而保持平衡，其中 C 点承受拉力与导线曲线相切，为 $T_x = \sigma_x S$；O 点承载拉力为 $T_0 = \sigma_0 S$，与导线 O 点相切；导线 OC 段自身荷载为 $G = gSL_x$，L_x 为 OC 段导线的弧长。从整个受力情况分析，OC 段受到两个拉力、一个自身重力保持平衡。根据力学受力平衡关系，可建立导线的受力方程等价式。

垂直方向：

$$gSL_x = T_x \sin \alpha \qquad (4.85)$$

水平方向：

$$\sigma_0 S = T_x \cos \alpha \qquad (4.86)$$

其中，σ_0、T_0 为导线最低点的应力和张力；σ_x、T_x 为导线任一点的应力和张力；S、g 为导线截面和比载；G 为重力。

将上式联立，求得导线任一点的斜率：

$$\tan \sigma = \frac{\mathrm{d}y}{\mathrm{d}x} = \frac{g}{\sigma_0} L_x \tag{4.87}$$

由于弧长微分公式为 $\mathrm{d}S^2 = (\mathrm{d}x)^2 + (\mathrm{d}y)^2$，所以将该式代入弧长 L_x 中，两边对 x 微分得：

$$\mathrm{d}(\tan \alpha) = \frac{g}{\sigma_0}\mathrm{d}(L_x) = \frac{g}{\sigma_0}\sqrt{(\mathrm{d}x)^2 + (\mathrm{d}y)^2} = \frac{g}{\sigma_0}\sqrt{1 + \tan^2 \alpha} \cdot \mathrm{d}x \tag{4.88}$$

$$\int \frac{\mathrm{d}(\tan \alpha)}{\sqrt{1 + \tan^2 \alpha}} = \frac{g}{\sigma_0}\int \mathrm{d}x \tag{4.89}$$

这是个隐函数，因此进行分离变量积分，如下：

$$\mathrm{arsh}(\tan \alpha) = \frac{g}{\sigma_0}(x + C_1) \tag{4.90}$$

$$\tan \alpha = \frac{\mathrm{d}y}{\mathrm{d}x} = \mathrm{sh}\frac{g}{\sigma_0}(x + C_1) \tag{4.91}$$

$$\int \mathrm{d}y = \int \mathrm{sh}\frac{g}{\sigma_0}(x + C_1)\mathrm{d}x \tag{4.92}$$

于是，导线任一点 C 的纵坐标为

$$y = \frac{\sigma_0}{g}\cosh \frac{g}{\sigma_0}(x + C_1) + C_2 \tag{4.93}$$

$$y = k \cosh\left(\frac{x + C_1}{k}\right) + C_2 \tag{4.94}$$

其中，$k = \dfrac{\sigma_0}{g}$。

式（4.94）是悬链方程的普通形式，其中 C_1 和 C_2 为积分常数，其值可根据坐标原点的位置及初始条件而定。该式是在假定悬挂点高度相等的条件下推导出来的，但也适合于悬挂点高度不相等的情况。x 表示弧长挡距，y 表示导线的弧垂，悬链线方程描述导线弧垂与应力、比载及挡距之间的基本关系。由于悬链线方程的普通形式计算较为复杂，参数不易求解，现将其进行展开。

函数 $\cosh\left(\dfrac{x + C_1}{k}\right)$ 的级数表示为

$$\cosh\left(\frac{x+C_1}{k}\right) = 1 + \frac{\left(\frac{x+C_1}{k}\right)^2}{2} + \frac{\left(\frac{x+C_1}{k}\right)^4}{24} + \cdots + \frac{\left(\frac{x+C_1}{k}\right)^{2k}}{(2k)!} \qquad (4.95)$$

取前两项：

$$\cosh\left(\frac{x+C_1}{k}\right) = 1 + \frac{\left(\frac{x+C_1}{k}\right)^2}{2} = 1 + \frac{x^2 + 2xC_1 + C_1^2}{2k^2}$$

可得到：

$$y = \frac{1}{2k}x^2 + \frac{C_1}{k}x + \left(\frac{1}{2k}C_1^2 + k + C_2\right)$$

设：

$$\begin{cases} A = \dfrac{1}{2k} \\ B = \dfrac{C_1}{k} \\ C = \dfrac{1}{2k}C_1^2 + k + C_2 \end{cases}$$

则方程简化为

$$y = Ax^2 + Bx + C$$

由此可知，悬链线方程级数展开式为抛物线方程，即二次多项式。相对于悬链线方程，二次多项式模型计算简单，且可达到相同的拟合效果。故采用二次多项式方程进行导线拟合。基于该多项式模型，利用线性最小二乘原理即可完成电力线参数的求解，从而完成三维空间中的电力线矢量化建模。

$$\begin{cases} y = kx + b \\ z = A(x^2 + y^2) + B\sqrt{x^2 + y^2} + C \end{cases} \qquad (4.96)$$

（2）线性最小二乘原理拟合电力线。

在生产实践和测量工作中，往往需要寻找某一曲线使其反映所测量的一系列离散点的分布特征。这一过程即通过给定的数学模型，根据已知的离散数据求解该模型的参数，进而拟合曲线，使曲线反映数据点的分布。常用的拟合曲线的方法为最小二乘法。最小二乘法拟合曲线可反映离散数据的总体分布，不会出现局部较大波动，且能反映被逼近函数的特性，使已知函数与求得的被逼近函数的偏差度达到最小。下面具体介绍最小二乘法拟合曲线原理。

曲线拟合过程并不要求所有已知点都在曲线上，而是要求得到的近似函数能反映数据的基本关系。如对于给定的一组数据 (x_i, y_i)，$i = 0,1,\cdots,m$，用多项式表示如下：

$$y = a_0 + a_1 x + a_1 x^2 + \cdots + a_n x^n \tag{4.97}$$

拟合所给定的数据，其中 $m \leqslant n$，使偏差的平方和如下：

$$Q = \sum_{i=0}^{m}(y_i - \sum_{k=0}^{n} a_k x_i^k)^2 = \min \tag{4.98}$$

从式（4.98）可以明显看出，$Q = \sum_{i=0}^{m}(y_i - \sum_{k=0}^{n} a_k x_i^k)^2$ 是关于 $a_0, a_1, \cdots, a_n$ 的多元函数。

因此，使多项式偏差的平方和最小的问题可以转化为求 $Q = Q(a_0, a_1, \cdots, a_n)$ 的极值问题。根据微积分求极值原理，将上式对 a 求导数，得：

$$\frac{\partial Q}{\partial a_j} = 2\sum_{i=0}^{m}(y_i - \sum_{k=0}^{n} a_k x_i^k)x_i^j = 0, j = 0,1,\cdots,n \tag{4.99}$$

即得到下式：

$$\sum_{k=0}^{n}(\sum_{i=0}^{m} x_i^{j+k})a_k = \sum_{i=0}^{m} y_i x_i^j, j = 0,1,\cdots,n \tag{4.100}$$

上述公式是关于 $a_0, a_1, \cdots, a_n$ 的线性方程组，可以用矩阵表示为下式：

$$\begin{bmatrix} m+1 & \sum_{i=0}^{m} x_i & \cdots & \sum_{i=0}^{m} x_i^n \\ \sum_{i=0}^{m} x_i & \sum_{i=0}^{m} x_i^2 & \cdots & \sum_{i=0}^{m} x_i^{n+1} \\ \vdots & \vdots & & \vdots \\ \sum_{i=0}^{m} x_i^n & \sum_{i=0}^{m} x_i^{n+1} & \cdots & \sum_{i=0}^{m} x_i^{2n} \end{bmatrix} \begin{bmatrix} a_1 \\ a_2 \\ \vdots \\ a_n \end{bmatrix} = \begin{bmatrix} \sum_{i=0}^{m} y_i \\ \sum_{i=0}^{m} x_i y_i \\ \vdots \\ \sum_{i=0}^{m} x_i^n y_i \end{bmatrix} \tag{4.101}$$

可以证明方程组的系数矩阵是一个对称矩阵，故存在唯一解，从式中解出 a_k（$k = 0,1,\cdots,n$）。所以对于大数据量的离散点，可通过上述方法进行曲线拟合，最终利用式求解相关多项式参数。

要进行悬链线拟合，首先要确定电力线挂点，系统会根据分类结果自动进行挂点识别，系统具体功能如下：

点击要素提取按钮，如图 4.31 所示。

点云数据处理平台						工程	Search	搜索
新建子工程								
所有工程	名称	杆塔区间	档数	执行状态	操作		创建时间	
初始化中	苗新乙线1-2	1-2	1	执行中	当前工况分析 要素提取 最大工况分析 最大工况分析(K值) 替换数据 手动标记杆塔		2018-02-11 11:09:13	
手动标记杆塔中	苗新乙线2-3	2-3	1	执行中	当前工况分析 要素提取 最大工况分析 最大工况分析(K值) 替换数据 手动标记杆塔		2018-02-11 11:10:33	
分类中	苗新乙线3-4	3-4	1	执行中	当前工况分析 要素提取 最大工况分析 最大工况分析(K值) 替换数据 手动标记杆塔		2018-02-11 11:11:07	
数据替换中	苗新乙线4-5	4-5	1	执行中	当前工况分析 要素提取 最大工况分析 最大工况分析(K值) 替换数据 手动标记杆塔		2018-02-11 11:48:24	
耐张段	苗新乙线5-6	5-6	1	执行中	当前工况分析 要素提取 最大工况分析 最大工况分析(K值) 替换数据 手动标记杆塔		2018-02-11 11:53:38	
	苗新乙线6-7	6-7	1	执行中	当前工况分析 要素提取 最大工况分析 最大工况分析(K值) 替换数据 手动标记杆塔		2018-02-11 11:54:08	

图 4.31 通过要素提取计算工况模拟示意图

要素进度加载，如图 4.32 所示。

点云数据处理平台			编组	Search	搜索
名称	操作		执行状态	状态	进度
N4-N5	打开 当前工况分析 要素提取 最大工况分析 自动分类 导出las		要素提取	完成	100%

图 4.32 通过要素提取计算示意图

模拟线检查正确、要素提取正确、分类正确之后，进行最大工况的分析，如图 4.33 所示。

点云数据处理平台						工程	Search	搜索
新建子工程								
所有子工程	名称	杆塔区间	档数	执行状态	操作		创建时间	
初始化中	苗新乙线1-2	1-2	1	执行中	当前工况分析 要素提取 最大工况分析 最大工况分析(K值) 替换数据 手动标记杆塔		2018-02-11 11:09:13	
手动标记杆塔中	苗新乙线2-3	2-3	1	执行中	当前工况分析 要素提取 最大工况分析 最大工况分析(K值) 替换数据 手动标记杆塔		2018-02-11 11:10:33	
分类中	苗新乙线3-4	3-4	1	执行中	当前工况分析 要素提取 最大工况分析 最大工况分析(K值) 替换数据 手动标记杆塔		2018-02-11 11:11:07	
数据替换中	苗新乙线4-5	4-5	1	执行中	当前工况分析 要素提取 最大工况分析 最大工况分析(K值) 替换数据 手动标记杆塔		2018-02-11 11:48:24	
耐张段	苗新乙线5-6	5-6	1	执行中	当前工况分析 要素提取 最大工况分析 最大工况分析(K值) 替换数据 手动标记杆塔		2018-02-11 11:53:38	
	苗新乙线6-7	6-7	1	执行中	当前工况分析 要素提取 最大工况分析 最大工况分析(K值) 替换数据 手动标记杆塔		2018-02-11 11:54:08	

图 4.33 拟合分析进度示意图

2. 两种方式预测导线弧垂结果对比

通过 K 值计算弧垂后，在最高气温环境因素下，500 kV 博尚墨江 II 回线 N1—N7 杆塔累计发现隐患点 10 个，如图 4.34 和图 4.35 所示。

序号	杆塔区间	距小号塔/m	坐标点		缺陷属性	工况属性	缺陷等级	缺陷半径/m	实测距离/m			安全距离/m		
			经度/(°)	纬度/(°)					水平	垂直	净空	水平	垂直	净空
1	N2—N3	146.55	100.055 914	23.697 479	高植被	最高气温	一般	0.0	8.45	13.51	15.94	16.0	16.0	16.0
2	N2—N3	175.41	100.055 79	23.697 242	高植被	最高气温	重大	18.92	5.6	7.66	9.49	16.0	16.0	16.0
3	N3—N4	362.64	100.055 944	23.693 694	高植被	最高气温	一般	1.76	2.9	15.19	15.47	16.0	16.0	16.0
4	N4—N5	312.94	100.056 454	23.690 708	高植被	最高气温	一般	19.07	6.21	13.93	15.25	16.0	16.0	16.0
5	N5—N6	13.05	100.056 613	23.690 468	高植被	最高气温	一般	14.14	5.69	13.07	14.25	16.0	16.0	16.0
6	N5—N6	199.07	100.056 869	23.688 793	高植被	最高气温	一般	1.52	1.29	14.33	14.39	16.0	16.0	16.0
7	N5—N6	201.01	100.056 877	23.688 776	高植被	最高气温	一般	1.32	0.82	14.39	14.41	16.0	16.0	16.0
8	N5—N6	375.54	100.057 225	23.687 233	高植被	最高气温	重大	20.58	3.49	8.48	9.17	16.0	16.0	16.0
9	N6—N7	12.31	100.057 239	23.687 03	高植被	最高气温	一般	9.86	1.14	12.26	12.31	16.0	16.0	16.0
10	N6—N7	284.68	100.057 741	23.684 614	高植被	最高气温	重大	28.03	3.61	7.46	8.29	16.0	16.0	16.0

图 4.34　通过放线信息表拟合导线分析的隐患点

序号	杆塔区间	距小号塔/m	坐标点/(°)	缺陷属性	工况属性	缺陷等级	缺陷半径/m	实测距离/m			安全距离/m		
								水平	垂直	净空	水平	垂直	净空
143	N63—N64	242.59	100.270 154E 23.561 885N	高植被	最高气温	一般	2.9	4.85	14.7	15.48	16.0	16.0	16.0

500 kV 博尚墨江 Ⅱ 回线 N63—N64 检测结果

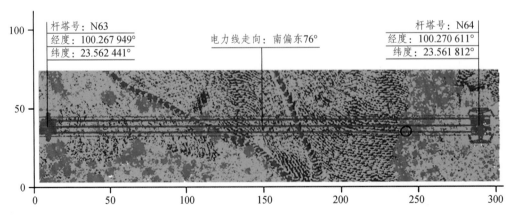

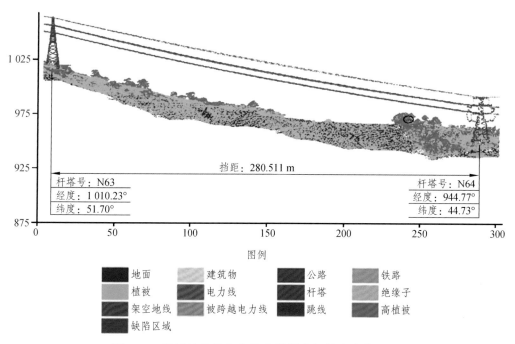

图例

	地面		建筑物		公路		铁路
	植被		电力线		杆塔		绝缘子
	架空地线		被跨越电力线		跳线		高植被
	缺陷区域						

图 4.35　通过放线信息表拟合导线分析的隐患点展示

通过状态方程式计算导线弧垂，在最高气温环境因素下，500 kV 博尚墨江Ⅱ回线 N1—N7 杆塔也累计发现隐患点 10 个，如图 4.36 和图 4.37 所示。

序号	杆塔区间	距小号塔/m	坐标点		缺陷属性	工况属性	缺陷等级	缺陷半径/m	实测距离/m			安全距离/m.		
			经度/(°)	纬度/(°)					水平	垂直	净空	水平	垂直	净空
1	N2—N3	146.55	100.055 914	23.697 479	高植被	最高气温	一般	0.0	8.45	13.51	15.94	16.0	16.0	16.0
2	N2—N3	175.41	100.055 79	23.697 242	高植被	最高气温	重大	18.92	5.6	7.66	9.49	16.0	16.0	16.0
3	N3—N4	362.64	100.055 944	23.693 694	高植被	最高气温	一般	1.76	2.9	15.19	15.47	16.0	16.0	16.0
4	N4—N5	312.94	100.056 454	23.690 708	高植被	最高气温	一般	19.07	6.21	13.93	15.25	16.0	16.0	16.0
5	N5—N6	13.05	100.056 613	23.690 468	高植被	最高气温	一般	14.14	5.69	13.07	14.25	16.0	16.0	16.0
6	N5—N6	199.07	100.056 869	23.688 793	高植被	最高气温	一般	1.52	1.29	14.33	14.39	16.0	16.0	16.0
7	N5—N6	201.01	100.056 877	23.688 776	高植被	最高气温	一般	1.32	0.82	14.39	14.41	16.0	16.0	16.0
8	N5—N6	375.54	100.057 225	23.687 233	高植被	最高气温	重大	20.58	3.49	8.48	9.17	16.0	16.0	16.0
9	N6—N7	12.31	100.057 239	23.687 03	高植被	最高气温	一般	9.86	1.14	12.26	12.31	16.0	16.0	16.0
10	N6—N7	284.68	100.057 741	23.684 614	高植被	最高气温	重大	28.03	3.61	7.46	8.29	16.0	16.0	16.0

图 4.36　通过状态方程式拟合导线分析的隐患点

序号	杆塔区间/m	距小号塔/ (°)	坐标点	缺陷属性	工况属性	缺陷等级	缺陷半径/m	实测距离/m			安全距离/m		
								水平	垂直	净空	水平	垂直	净空
143	N63—N64	233.35	100.270 154E 23.561 885N	高植被	最高气温	一般	2.9	4.85	14.7	15.48	16.0	16.0	16.0

500 kV 博尚墨江 II 回线 N63—N64 检测结果

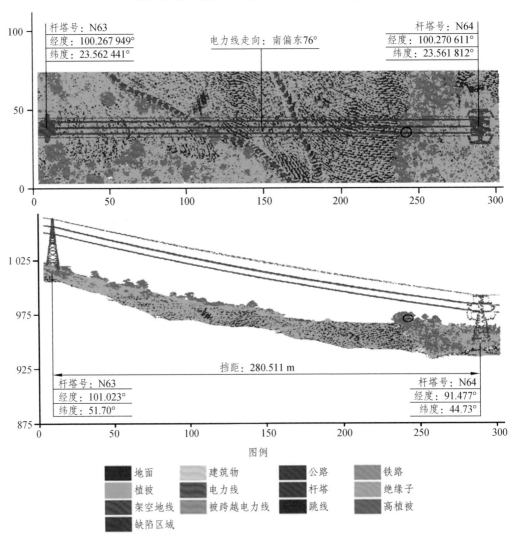

图 4.37 通过状态方程式拟合导线分析的隐患点展示

4.3 输电通道杆塔倾斜分析

输电线路传统的运行维护方式需要花费大量人力、物力去掌握线路走廊情况。由于设备自身精度和人为误差等因素导致获取的测量精度不高，增加了维护成本。杆塔是输电线路基本设备，当输电线路经过煤炭开采区、软土质地区、山坡地、河床地带等特殊地带时，杆塔基础会发生滑移、倾斜、沉降、开裂等现象，从而引起杆塔的变形或倾斜及滑坡。

4.3.1 杆塔倾斜分析算法

杆塔倾斜分析：类似于杆塔位移分析，用多次数据进行对比分析，同时分析杆塔的垂直中心线，计算多次数据的垂直中心线的夹角，展现于杆塔倾斜分析报告中。

输电线路杆塔中心位移，是指杆塔的中心桩，也是线路中心桩，沿线路内角的平分线方向移动一定的距离，作为杆塔的中心桩。它是杆塔最核心的部分。

输电线路杆塔中心位移后，能较好地消除或减小与之相邻的杆塔因三相导线偏移而产生的横向合力，并兼顾相邻杆塔绝缘子串的倾斜角，使之满足在各种气象条件下导线对杆塔结构的安全净距离。

$$d = \frac{L_2 - L_1}{3} + \frac{C_1}{3}\tan\frac{\theta}{2} + \frac{C_2}{6}\tan\frac{\theta}{2} + \frac{S_2}{3\cos\frac{\theta}{2}} - \frac{E}{3}$$

式中　d——线路中心桩，沿线路内角的平分线方向移动一定的距离，正值向内角测位移，负值向外角测位移，m；

　　L_2——杆塔外角侧横担的导线挂点至杆塔中心距离，m；

　　L_1——杆塔内角侧横担的导线挂点至杆塔中心距离，m；

　　θ——线路转角的度数，(°)；

　　C_1——杆塔边相导线横担两个挂线点间水平距离，m；

　　C_2——杆塔边相导线两个挂线点间水平距离，m；

S_2——杆塔相邻的杆塔中导线挂点至杆塔中心距离，横担伸展方向位于塔内角侧时取正，反之取负值，两侧相邻杆塔中长度及方向不一致时，按照下式计算：

$$S_2 = \frac{l_1}{l_1 + l_2} S_2'' + \frac{l_2}{l_1 + l_2} S_2' \text{（m）}$$

S_2'——对应相邻挡距 L_1 直线杆塔中的长度；

S_2''——对应相邻挡距 L_2 直线杆塔中的长度，横担伸展方向位于塔内角侧时取正，反之取负值；

E——杆塔中相导线挂点至杆塔中心的偏移距离，m，位移内侧角时取正值，反之取负值。

在杆塔位移和倾斜分析时，将根据直升机线路巡检或无人机线路巡检数据，利用激光点云数据或可见光数据，在平台中根据客户方需求，结合杆塔情况分析隐患，并实时展示分析结果，为线路检修工作提供支持。分析原理图如图 4.38 所示。

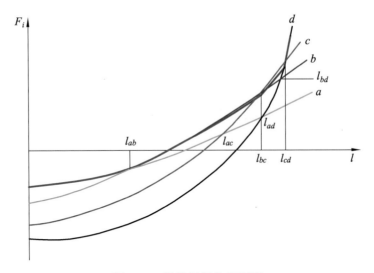

图 4.38　杆塔倾斜分析原理

4.3.2　杆塔倾斜应用展示

根据历年点云数据、可见光提取杆塔直接或间接特征，对比分析杆塔倾斜情况。如图 4.39 所示为杆塔垂直视角下预测的隐患杆塔倾斜角度及倾斜方向。

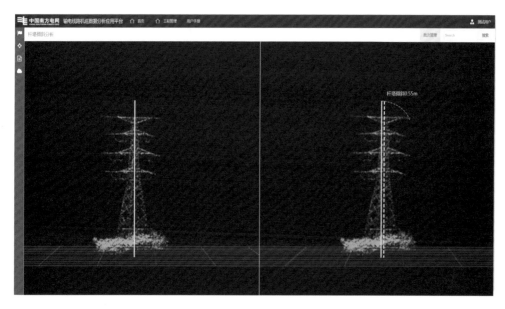

图 4.39　平台中针对单个杆塔倾斜分析展示 1

如图 4.40 所示为杆塔水平视角下预测的隐患杆塔倾斜角度及倾斜方向。

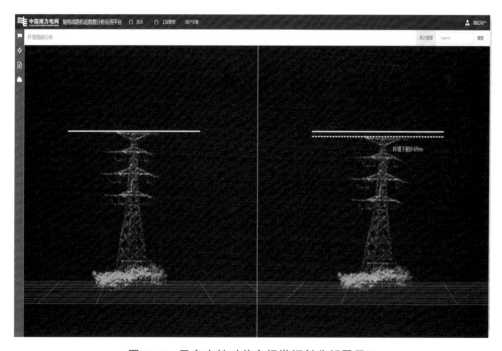

图 4.40　平台中针对单个杆塔倾斜分析展示 2

如图 4.41 所示为杆塔水平、垂直视角对比隐患杆塔倾斜角度及倾斜方向。

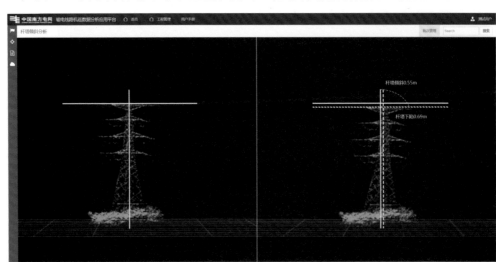

图 4.41　平台中针对单个杆塔倾斜分析展示 3

以云南电网 2021 年对 7 个批次 139 条输电线路的 15 419 个基杆塔测量为例，对杆塔旋转角度、塔高、倾斜角度、杆塔类型进行分析，详细杆塔倾斜分析结果如图 4.42 所示。

序号	杆塔编号	杆塔类型	经度	纬度	旋转角度	塔高/m	倾斜角度	挡距/m
1	N1	耐张塔	101.569 508°E	26.059 159°N	83.25°	52.53	1.21°	0
2	N2	直线塔	101.574 929°E	26.058 710°N	83.24°	68.52	0.31°	545.28
3	N3	耐张塔	101.577 327°E	26.058 510°N	66.82°	47.12	0.34°	241.27
4	N4	直线塔	101.581 739°E	26.055 387°N	50.43°	45.76	0.38°	561.52
5	N5	直线塔	101.585 226°E	26.052 921°N	50.47°	49.65	0.47°	443.65
6	N6	直线塔	101.587 794°E	26.051 109°N	50.52°	55.54	0.50°	326.4
7	N7	直线塔	101.592 202°E	26.048 004°N	50.52°	63.91	0.55°	560.02
8	N8	直线塔	101.599 379°E	26.042 937°N	50.47°	63.28	0.69°	912.53
9	N9	直线塔	101.601 301°E	26.041 577°N	50.47°	56.83	1.86°	244.62
10	N10	直线塔	101.608 263°E	26.036 661°N	50.50°	55.31	0.10°	885.29

图 4.42　详细杆塔分析结果

4.4 输电通道风偏分析

导线风偏（舞动、弧垂）是威胁架空输电线路安全稳定运行的重要因素之一，常造成线路跳闸，导线电弧烧伤、断股、断线等严重后果，且风偏的发生常伴有大风和雷雨现象，给故障的判断及查找带来一定的困难。

4.4.1 风偏后导线弧垂的计算

工程中经常需要计算架空线风偏后，在垂直及水平投影平面内的弧垂、应力及悬挂点应力等值。如图 4.43 所示，将风偏平面内的架空线向垂直平面 xy 投影，投影曲线 ACB 上仅作用有垂直比载 γ_v、悬挂点垂直应力分量 σ_{vA} 和 σ_{vB}、线路方向的水平应力分量 $\sigma_{hA} = \sigma_{hB} = \sigma_0$。将风偏平面内的架空线向水平面 xz 投影，投影曲线 $A''C''B''$ 上仅作用有横向水平比载 γ_h、垂直于线路方向的悬挂点水平应力 σ_{hA} 和 σ_{hB}、顺线路方向的水平应力 σ_0。

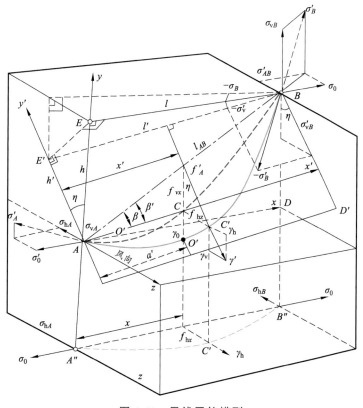

图 4.43　导线风偏模型

1. 导线风偏角计算

$$\gamma = \arctan \frac{g_4}{g_1}$$

式中　g_1——架空线的自重力比载，N/（m·mm²）（或 MPa/m）；

　　　g_4——架空线的风力比载，N/（m·mm²）（或 MPa/m）。

2. 绝缘子风偏角

$$\varphi = \arctan \left(\frac{p_j / 2 + p_d l_h}{G_j / 2 + W_d l_v} \right)$$

式中　p_j——绝缘子串风压，kN；

　　　p_d——导线风荷载标准值，kN；

　　　l_h——水平挡距，m；

　　　G_j——绝缘子串垂重量，kN；

　　　W_d——导线重，kN；

　　　l_v——垂直挡距，m。

1）绝缘子串风压计算

$$p_j = B \times W_0 \times \mu_z \times A_j$$

式中　B——覆冰时荷载增大系数，无覆冰取 1.0；5 mm 冰区取 1.1；10 mm 冰区取 1.2；

　　　W_0——基准风压标准值，kN/m²；

　　　μ_z——风压高度变化系数（见表 4.5）；

　　　A_j——合成悬式绝缘子串受风面积（见表 4.6），m²。

表 4.5　μ_z 风压高度变化系数

导线离地面或海面高度/m	10	15	20	30	40	50	60	70	80	90	100
μ_z	0.88	1.00	1.10	1.25	1.37	1.47	1.56	1.64	1.71	1.77	1.84

表 4.6　A_j 受风面积

绝缘子型号	FXBW-35/70	FXBW-110/70	FXBW-110/100	FXBW-220/120	FXBW-220/160
受风面积/m²	0.15	0.2	0.22	0.25	0.28

2）计算导线风荷载标准值

$$p_\mathrm{d} = \alpha \cdot W_0 \cdot \mu_z \cdot \mu_s \cdot d \cdot B$$

式中 α ——风压不均匀系数，见表 4.7；

μ_s ——导地线体型系数，线径小于 17 mm，或覆冰时取 1.2；线径大于或等于 17 mm 时取 1.1；

d ——导线外径，m。

B ——覆冰时荷载增大系数，5 mm 冰区取 1.1；10 mm 冰区取 1.2。

表 4.7   风压不均匀系数 α

	设计风速/（m/s）	20 以下	20≤v<27	27≤v<31.5	31.5 及以上
α	计算杆塔荷载	1	0.85	0.75	0.7
	校验杆塔电气间隙	1	0.75	0.61	0.61

4.4.2 导线风偏分析流程

在三维可视化平台中可模拟大风环境下的风偏情况，根据风向、最大风速，用上述风偏模型对线路进行风偏模拟计算。计算出不同运行情况下风偏角的大小，按照导线弧垂情况决定绝缘子的空间位置，将输电线路的实际情况展示在三维可视化平台中；然后把风偏的实时情况与输电线路的风偏极限值进行对比，一旦超出设定值就会发出预警信息，其技术流程如图 4.44 所示。

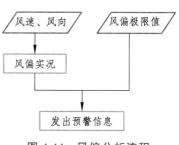

图 4.44   风偏分析流程

4.5 树木生长分析预测

输电线路树木闪络故障已成为威胁输电线路安全运行的重要因素之一，掌握输电线路走廊树木生长规律，并结合激光点云数据进行预测分析，对线路走廊树木管理与防控、减少树障跳闸并保障电网安全运行具有重要意义。

4.5.1　树木识别技术

1. 基于激光点云数据树木直径识别

在采用激光点云和倾斜摄影方式获取目标点云后，利用手动截取或自动截取的方式获得树木树干部位的点云切片。将切片点云进行 6 个方向、每隔 10°旋转投影，得到 60 个二维投影形状，利用霍夫（hough）圆检测方法检测出接近正圆的投影图像，此时这个图像对应的投影角度即为点云切片的水平位置。计算该投影的圆直径 L，获得点云与实际坐标的变换比例 K，计算 $L \times K$ 即可得到树木的真实直径。

2. 基于激光点云轮廓树种识别

利用深度学习 Point Net++模型识别激光点云树种。收集常见树种的激光点云切片，例如松树点云切片等，标记每个点云切片的树种类型，每种树种收集 1 000 个以上点云切片，构建点云树种分类数据集。将收集到的点云树种分类数据集导入，训练 Point Net++深度学习模型。使用 Point Net++模型检测树种，将需要检测的树木点云切片面输入模型，即可得到该点云切片树种类型。

3. 基于多光谱树种识别

应用深度学习中的图像识别技术，首先获取多光谱图像数据，针对需要识别的树种类型，例如松树等，获取一定数量的多光谱图像数据作为样本，通过人工作业方式对样本数据进行标注，制作出用于深度学习的样本库，需要收集足够样本多光谱图片（数量最好在 2 000 张以上，多角度多背景）。再将这些多光谱图像矩阵转换为 0 ~ 255 的普通 RGB 图像矩阵存储，使用这些图片以及深度学习检测算法训练一个检测模型。根据图像样本库的特点调整 faster-rcnn 模型的超参数，然后使用样本库的数据对模型进行微调，最终达到可在多光谱图像数据中检测树种。

4. 基于激光＋可见光树种识别

对同一目标，得到该目标的激光点云切片和可见光图片。利用深度学习方法 Point Net++模型检测激光点云树种种类，得到树种概率 P_1，利用深度学习方法 faster-rcnn 模型检测可见光图片的树种种类，得到树种概率 P_2。计算 P_1 和 P_2 的均值，得到树种概率 P_m，当 P_m 值大于 0.8 时，则可认为这个激光点云切片和可见光图片就是这个树种。

4.5.2　树木生长分析

根据南网《架空线路树障防控工作导则》，结合云南常见树木自然生长高度及速率，经过全面的现场林木数据采集，并建立树木生长周期预测模型，设定好生长年限后，把预测的树木代入激光点云数据中，与电力线结合进行分析检测，最终形成树木生长分析预测分析报告，如图 4.45 和图 4.46 所示。

图 4.45　树木原始状态

图 4.46　树木生长预测

4.6 输电线路多工况拟合分析

根据系统建立的导地线、绝缘子和杆塔模型，计算在不同工况条件下的导地线弧垂状态和杆塔绝缘子状态，进行电力线弧垂模拟及张力计算。参考输电线路运行规程，结合导地线在不同工况条件下的弧垂状态，重新计算输电导线之间、导线与地面、建筑物、树木、线路交叉跨越、交通设施等的空间距离，并重新评估线路是否满足在不同覆冰、温度、风速、风向及载荷下的安全运行条件，形成安全评估报告。安全评估报告的主要内容包括线路基本信息、最大工况模拟条件、使用的电力标准要求、隐患点明细表和隐患点详细描述。

不同工况仿真模拟分析是将不同工况模拟分析任务按一定规则进行分解，并自动分配给各子计算单元进行自行处理的并行处理方式。主控计算单元对线路不同工况模拟分析任务按一定规则分解成多个任务包，并自动将其分配给各子计算单元进行处理分析，各子计算单元定期向主控计算单元反馈任务包执行进度，最后向主控计算单元反馈处理分析结果，并将分析成果合并写入统一的中心数据库。

基于分类的点云及扫描作业时的气象条件、导线材质和载荷水平，进行杆塔、导线、绝缘子三维模型重建，在此基础上将模拟各种最大工况下不同的覆冰、温度、风速、风向等气候条件，并结合线路的导线材质、负荷水平等条件下的导线风偏、弧垂的变化状态；结合三维地形和三维模型，实现线路安全运行净空距离检测；参考输电线路运行规程，计算并评估杆塔是否满足不同覆冰、温度、风速、风向及载荷下的安全运行条件，形成评估报告。危险点详细描述包括危险点的描述信息和危险点的俯视图和侧视图。

在进行多工况拟合时，将综合如下三种情况开展多工况拟合分析：

（1）模拟线路在最大设计温度下的弧垂状态，并以此时弧垂对地面、建筑物、树木、交通设施、其他跨越物等点云图层进行安全距离分析，形成最大设计温度下的安全距离模拟分析报告。

（2）模拟线路在最大设计风速下的弧垂状态，并以此时弧垂对地面、建筑物、树木、交通设施、其他跨越物等点云图层进行安全距离分析，形成最大设计风速下的安全距离模拟分析报告。

（3）模拟线路在最大设计覆冰下的弧垂状态，并以此时弧垂对地面、建筑物、树木、交通设施、其他跨越物等点云图层进行安全距离分析，形成最大设计覆冰下的安全距离模拟分析报告。

在开展输电多工况拟合分析时实现如下 6 点拟合分析：

（1）增容、覆冰、风力、高温、树木等对输电线路安全可能造成的安全隐患分析。

（2）按照输电线路运行规程设置各种地物到导线的安全距离，自动对各种安全距离进行计算和自动提示报警。

（3）导线风偏、弧垂模拟和蠕变计算模型。

（4）在不同的温度、风速、风向等气象条件下，考虑风偏、弧垂等的变化状态，结合三维地形和三维模型，实现线路危险点智能预警分析。

（5）用输电走廊内树高自动计算方法，计算树木与导线间的最小距离。

（6）根据输电线路增容的可行性，分析不同载荷条件下的弧垂模拟技术。

为保证输电线路的安全运营，电力电缆相互水平接近时的最小净距、电缆线交叉时电力线间的最小距离、电缆表面与地面的距离、电缆表面与树木的最小距离、电缆与建筑物的最小距离等均应在安全距离内。输电线路运营期间，需对电缆间、电缆与其他物体间的距离进行量测计算，并参考电缆铺设的技术要求和行业规范，对量测结果进行分析，结合输电线模型和环境因素，做出评价与预警。

4.6.1　多工况分析理论

架空线的线长和弧垂是挡距、高差和架空线避灾、应力的函数，当气象条件发生变化时，这些参数也将随之发生变化：气温的升降引起架空线的热胀冷缩，使线长、弧垂、应力发生相应变化；大风和覆冰造成架空线比载增加，应力增大，由于弹性变形使架空线线长增加。

将架空线简化为完全弹性体、理想柔线、荷载均匀分布，若某挡的架空线在无应力、制造温度 t_0 的原始状态下，具有原始长度 L_0，将它悬挂在挡距为 l、高差为 h 的两悬挂点 A、B 上，此时架空线具有气温 t、比载 γ、轴向用力 σ_x、悬挂曲线长度 L。由于温度变化，架空线产生热胀冷缩；由于施加有轴向应力，架空线产生弹性伸长。设架空线的温度线膨胀系数为 α、弹性系数为 E，那么对原始长度的微元，在新的状态下变为 $\mathrm{d}L_0$，即：

$$dL = dL_0 \left(1 + \frac{\sigma_x}{nE}\right)^n \left(1 + \alpha\frac{t-t_0}{n}\right)^n$$

将上式展开为级数并取其前两项再进行积分，得：

$$L_0 = L\left[1 - \frac{\int_0^L \sigma_x dL}{E \cdot L} - \alpha(t-t_0)\right] = L\left[1 - \frac{\sigma_{cp}}{E} - \alpha(t-t_0)\right]$$

上式说明，架空线的悬挂长度 L 中减去弹性伸长量和温度伸长量，即可得到挡内架空线的原始线长。

若两种气象条件下架空线的各参数分别为第 1 状态参数和第 2 状态参数（状态参数包含线长 L、应力 σ、挡距 l、高差角 β、架空线温度 t、温度线膨胀系数 α、弹性系数 E 等），由于两种状态下的架空线悬挂曲线长度折算到同一原始状态下的原始线长相等，所以可得：

$$L_1\left[1 - \frac{\sigma_{cp1}}{E} - \alpha(t_1-t_0)\right] = L_2\left[1 - \frac{\sigma_{cp2}}{E} - \alpha(t_2-t_0)\right] \tag{4.102}$$

式（4.102）为架空线的基本状态方程式，表示在挡内原始线长保持不变的情况下，不同工况状态下的架空线悬挂曲线长度之间的关系。原始线长相等是建立状态方程式的原则。

将导线的悬链线方程式或斜抛物线方程式代入式（4.102）中，即可得到导线的状态方程式，在已知全部第 1 状态参数和部分第 2 状态参数的情况下，可利用试凑法或迭代法进行求解未知的第 2 状态参数(例如已知第 1 状态线长 L_1、比载 γ_1、导线温度 t_1，第 2 状态比载 γ_2、导线温度 t_2 以及两状态下保持不变的挡距 l、膨胀系数 α、弹性系数 E 等，可求解第 2 状态线长 L_2）。

4.6.2 拟合分析步骤

在实际开展多工况拟合分析时，如果能在某气象条件（即第 1 状态）下利用激光雷达测得导线点云数据，将数据进行矢量化计算以获得导线弧垂曲线方程（即确定线长 L_1），记录各气象参数（通过覆冰情况、风速、重力计算得比载 γ_1；通过环境温度、风速、光照、负荷利用热平衡方程计算导线温度 t_1），并确定需要预测的气象条件（即确定第 2 状态参数比载 γ_2、导线温度 t_2），将上述各参数代入状态方程式中，即可求得预测气象条件下的线长 L_2，结合挂点位置等信息推算出导线弧垂曲线方程。拟合分析工作流程图如图 4.47 所示。

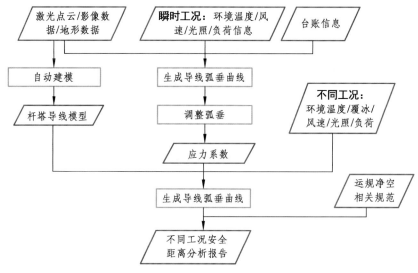

图 4.47　拟合分析工作流程图

拟合分析步骤如下：

（1）用直升机搭载激光雷达采集线路的原始点云数据，同时记录采集时工况相关参数；

（2）对原始点云进行分类、处理和分析，出具扫描时工况下的安全距离分析报告；

（3）建立导线矢量化杆塔模型，生成导线弧垂曲线，并根据实际导线的分裂线数和间隔棒安装等情况进行调整；

（4）根据扫描时工况（温度、光照、风速、负荷等），利用热平衡方程计算导线温度；

（5）确定模拟工况的相关参数；

（6）根据状态方程计算模拟温度的应力及弧垂，生成模拟工况导线弧垂曲线；

（7）根据新弧垂检测净空距离，出具模拟工况下的安全距离分析报告。

4.6.3　拟合分析展示

1. 设备环境参数据

复合工况参数设置如图 4.48 所示。

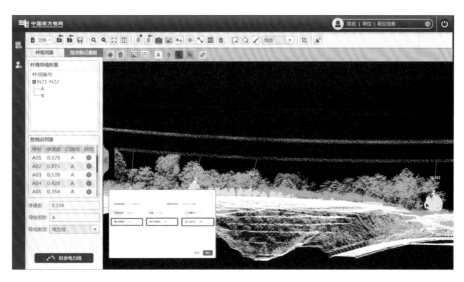

图 4.48 复合工况参数设置

2. 平台结合点云数据分析结果载入环境参数拟合电力线

复合工况拟合电力线如图 4.49 所示。

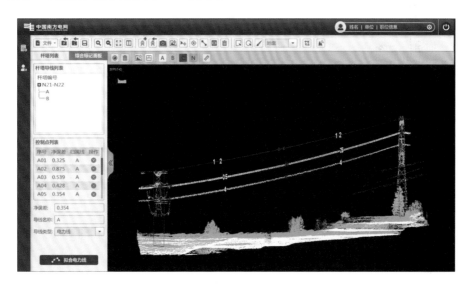

图 4.49 复合工况拟合电力线

3. 平台通过模拟分析预测通道隐患点

复合工况预测分布如图 4.50 所示。

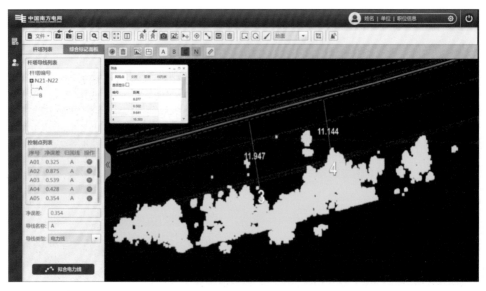

图 4.50　复合工况预测分析

4. 复合工况分析结果展示

（1）如某供电局因地势问题在每年 7、8 月需重点监控高温环境遇强风情况，重点保证供电线路的稳定运行，可在平台中设置风偏 1.5 M、环境温度为 40 ℃。平台为更加直观地展示预测过程，首先通过线路拟合分析展示风偏时的导线位置，图 4.51 中的两条加粗线显示为拟合线。

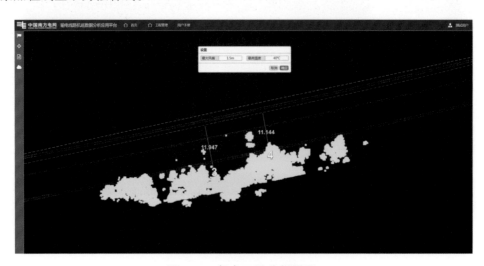

图 4.51　复合工况分析展示

（2）平台再分析导线在 40 ℃ 高温环境的导线弧垂，形成如图 4.52 所示的橙色拟合线。

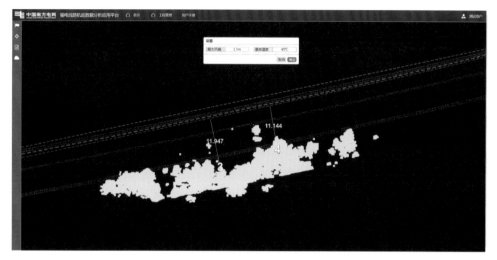

图 4.52　高温分析展示

（3）平台综合两种环境拟合如图 4.53 所示的蓝色实线为复合环境中的导线情况，并预测出在该环境下线路存在两个净空距离分别为 11.947 m、11.144 m 的隐患点。

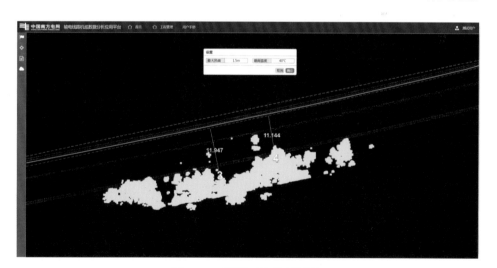

图 4.53　两种环境分析展示

 # 第5章　输电通道全景可视化还原技术

随着云南电网三维激光数据采集作业工作的深化和三维遥测技术的日益成熟，三维激光点云数据及同步采集的可见光影像数据成为输电线路运维工作重要的数据来源，也是三维 GIS 对输电通道空间对象、现象进行表达、描述、分析以及建模的重要手段。

5.1　可见光影像拼接

DOM（数字正摄影像）具有良好的可判断性和可测量性，广泛应用于国民经济建设和各行各业。随着城市建设的发展和人们认识的提高，对正摄影像 DOM 的要求也越来越高。数字正摄影像产生流程图如图 5.1 所示。

随着"机巡 + 人巡"模式的进一步优化，直升机、无人机的推广应用力度加大，在机巡过程中产生的输电线路图像资料愈发庞大，这对图像的处理效率、应用效果提出了更高的要求。

5.1.1　图像拼接总体设计

目前对电力巡线的全自动无缝图像拼接技术的研究较少，故采用了一种基于特征点的全自动无缝图像拼接方法。该方法依据图像拼接过程中各阶段涉及的理论与技术，利用 RANSAC（Random Sample Consensus）算法、引导互匹配、加权平滑算法等技术克服了传统图像拼接技术中的局限性，实现了光照和尺度变化条件下的多视角无缝图像拼接。

机巡图像拼接技术包括四大部分：机巡图像采集、特征点提取与匹配、图像配准和图像融合。各部分均采用了当前图像处理领域的先进算法，并使用相应的精炼技术对各部分的处理结果进行优化，以达到较理想的拼接效果。

图像获取是实现图像拼接的前提条件。不同的图像获取方法会得到不同的输入图像序列，并产生不同的图像拼接效果。目前，机巡获得图像的方法主要有 3 种：

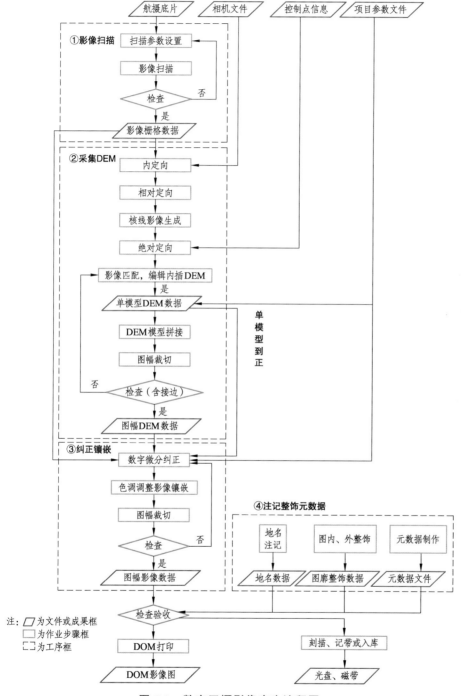

图 5.1　数字正摄影像产生流程图

（1）直升机搭载激光雷达采集激光点云数据时同步采集可见光图像；

（2）无人机或直升机搭载相机采集可见光图像；

（3）直升机巡视时巡线人员利用相机手动拍摄图像。

本书采用第 2 种方法获取机巡图像。

5.1.2　特征点的提取与同样大小的匹配

图像拼接主要依据两幅图像重叠区域的相似性。一般有基于区域和基于特征的两种方法。基于区域的方法：将两幅图进行统计性比较。在第一幅图像中一个含有许多点的小窗口统计性地和第二幅图像中同样大小的许多窗口比较。基于特征的方法：特征需要从两幅图像中分别提取，然后匹配它们共同的特征。这种方法并不是直接利用图像像素值，而是通过像素值导出的符号特征实现图像匹配，所以它对于对比度和特征明显的图像，在使用某一特定的配准定位算法中有重要的实践意义。

为了保证特征点的准确提取和匹配，每幅图像均采用同样的特征点提取算法，每个特征点周围应提供足够的用于判定匹配的信息。本节使用 Plessey 角点检测器提取图像的 Harris 角点。

$$M(x,y) = \begin{bmatrix} (\partial I/\partial x)^2 & (\partial I/\partial x)(\partial I/\partial y)^2 \\ (\partial I/\partial x)(\partial I/\partial y) & I(\partial I/\partial x)^2 \end{bmatrix} \tag{5.1}$$

M 的两个特征值的大小反映了像素点突显程度，如果 (x,y) 是一个特征点，那么 M 的两个特征值在以 (x,y) 为中心的局部范围取得极大值。实际过程中用来计算角点的响应函数为

$$H(x,y) = \det M(x,y) - k \cdot [\mathrm{trace}M(x,y)]^2 \tag{5.2}$$

其中，$k = 0.04$（Harris 设定的最优参数），特征点为此函数的局部极大值点。此方法特征点提取精度可达到亚像素级。提取特征角点后，每幅图像的特征角点有相当冗余，还需对这些初始角点做相关运算，进行初始匹配。在两幅图像中分别确定以像素 $X_1(x_1,y_1)$ 为中心，大小为 15×15 的相关窗口和 $(2N+1) \times (2N+1)$ 的搜索窗口，做归一化自相关运算：

$$\mathrm{cor}(X_1,X_2) = \frac{\mathrm{cov}(X_1,X_2)}{\mathrm{stdd}(X_1) \times \mathrm{stdd}(X_2)} \tag{5.3}$$

式中，$I_1(x,y)$、$I_2(x,y)$ 表示图像 1、2 中像素点 (x,y) 处的灰度值。

$\overline{I_i}(X)$ 为在图像 i 中像素点 $X(x,y)$ 的相关窗口的灰度平均值：

$$\text{stdd}(X_i) = \sqrt{\frac{\sum_{i=1}^{N}\sum_{j=1}^{N}[I_k(x+i,+j)-\overline{I_k}(X_k)]^2}{(2N+1)\times(2N+1)}} \qquad (5.4)$$

$$\text{cov}(X_1,X_2) = \frac{\sum_{i=1}^{N}\sum_{j=1}^{N}[I_1(x_1+i,y_1+j)-\overline{I_1}]}{(2N+1)\times(2N+1)}\frac{[I_2(x_2+i,y_2+j)-\overline{I_2}(X_2)]}{(2N+1)\times(2N+1)}$$

对以上计算的所有相关值 $\text{cor}(x_1,y_1)$ 进行阈值处理。阈值是一个实验取值（一般取 0.8 ）。将相关值大于阈值的角点作为候选匹配点，留下的匹配特征点存在匹配歧义性问题，即图像 1 中点 x_1 在图像 2 中的候选匹配点可能不止一个，反之亦然。

1. 匹配特征点求精

为了消除初始匹配后的匹配歧义性，需要对初始匹配特征点求解——松弛迭代过程，形成一一对应的匹配点集。首先介绍进行松弛迭代之前的两个基本步骤——相似度与匹配度的计算。

将初始匹配表示为 (X_1,X_2)，定义两个分别以 X_1 和 X_2 为中心、R 为半径的邻域 $N(X_1)$ 和 $N(X_2)$。若 (X_1,X_2) 是具有很高相似性的匹配，则这两个邻域内存在许多较好的匹配 (Y_1,Y_2)，而且 Y_1 相对于 X_1 的位置关系和相对于 X_2 的相似。反之，则在其邻域内找不到或只能找到很少较好的匹配。这种情况下，定义了匹配相似度即两对匹配 (X_1,X_2) 和 (Y_1,Y_2) 的相互接近程度的测度。计算公式为

$$\text{Similarity}(X_1,X_2;Y_1,Y_2) = \frac{\text{cor}(X_1,X_2)\times\text{cor}(Y_1,Y_2)\times\text{delta}(X_1,X_2;Y_1,Y_2)}{1+\text{dist}(X_1,X_2;Y_1,Y_2)} \qquad (5.6)$$

式中：

$$\text{dist}(X_1,X_2;Y_1,Y_2) = \frac{d(X_1,Y_1)+d(X_2,Y_2)}{2} \qquad (5.7)$$

$$\text{d}(X,Y) = \|X-Y\| \qquad (5.8)$$

$$\text{delta}(X_1,X_2;Y_1,Y_2) = \begin{cases} \text{e}^{\frac{-f}{\delta}}, & \text{if } \text{cor}(Y_1,Y_2) > 0.8 \text{ and } r < \delta \\ 0, & \text{others} \end{cases} \qquad (5.9)$$

其中，r 是相对距离差：

$$r = \frac{\left| d(X_1, Y_1) - d(X_2, Y_2) \right|}{\mathrm{dist}(X_1, X_2; Y_1, Y_2)} \tag{5.10}$$

$$\delta = 0.3$$

由于匹配的相似度存在不对称问题，即 $\mathrm{Similarity}(X_1, X_2) \neq \mathrm{Similarity}(X_2, X_1)$，由此引入了匹配度的定义：

$$\mathrm{Strength}(X_1, X_2) = \sum\nolimits_{Y_1, Y_2 \in M(Y_1, Y_2)} \mathrm{Similarity}(X_1, X_2; Y_1, Y_2) \tag{5.11}$$

式中，$M(Y_1, Y_2) = \{ (Y_1, Y_3) | Y_1$ 与 Y_2 互为彼此最大相似区配点，$Y_1 \in N(X_1)$，$Y_2 \in N(X_2) \}$。

即对 $N(X_1)$ 和 $N(X_2)$ 中的每一对 (Y_1, Y_2) 做如下分析：取 Y_1 在 $N(X_2)$ 的一系列匹配点中具有最大相似度的点 Y_2，Y_2 在 $N(X_1)$ 的匹配点中具有最大相似度的点 Y_{1k}。如果 $Y_{1k} = Y_1$ 且 $Y_{2l} = Y_2$，则将匹配相似度 $\mathrm{Similarity}(X_1, X_2; Y_1, Y_2)$ 累加到 X_1 和 X_2 的匹配度 $\mathrm{Strength}(X_1, X_2)$ 中。

匹配度满足对称性，消除匹配度为零的匹配。

通过上述方法可得到每个匹配的匹配度，利用匹配度进行松弛迭代过程，可得到一一对应的匹配，具体过程如下：

（1）定义两个用于判断循环条件的变量：old-total-strength 和 total-strength 并分别置零。

（2）对两幅图像的每一对匹配点计算匹配度。

（3）计算总匹配度，定义总匹配度为两幅图像所有匹配的匹配度之和。

（4）对图像 1 的每一个匹配特征点计算非模糊度：

$$U = 1 - \frac{\mathrm{Second\ Largest\ Strength}(X)}{\mathrm{First\ Largest\ Strength}(X)} \tag{5.12}$$

式中，$\mathrm{First\ Largest\ Strength}(X)$ 为点 X 的有最强相似性匹配的匹配度；$\mathrm{Second\ Largest\ Strength}(X)$ 为点 X 的有次强相似性匹配的匹配度。

（5）若总匹配度稳定，即 total-strength-old-totalstrength $\leqslant 10^{-6}$，则退出循环，执行步骤（8），否则将 total-strength 赋值给 old-total-strength，执行下一步。

（6）将所有匹配的匹配度和非模糊度降序排列得到表 1 和表 2。分别截取两个表的前 60%，得到新的表 1 和表 2。对于同时位于表 1 和表 2 的匹配，认为是最相似的匹配，若最相似匹配的两个特征点对应的具有最大匹配度的点都不是对方，则认为此匹配为错误匹配，将它们从两幅图像的匹配集中消除。

（7）回到步骤（2）重新迭代。

（8）若匹配是最相似的匹配且两个特征点对应的具有最大匹配度的点均是对方，则将此匹配存入数组 m-final-corners 中，为计算变换矩阵使用。

2. 图像配准

1）图像配准的整体流程

图像配准是一种确定待拼接图像间的重叠区域以及重叠位置的技术，它是整个图像拼接的核心。采用基于特征点的图像配准方法，即通过匹配点对构建图像序列之间的变换矩阵，从而完成全景图像的拼接。为了提高图像配准的精度，本书采用了RANSAC、LM 等算法对图像变换矩阵进行求解与精炼，以达到较好的图像拼接效果。自动计算图像间变换矩阵 H 的算法流程如下：

（1）在每幅图像中计算特征点。

（2）计算特征点之间的匹配。

（3）计算图像间变换矩阵的初始值：RANSAC 鲁棒估计，重复 N 次采样（N 由自适应算法确定）。① 选择 4 组对应点组成一个随机样本并计算变换矩阵 H；② 对假设的每组对应点计算距离 d；③ 计算与 H 一致的内点数（选择具有最多内点数的 H，在数目相等时，选择内点标准方差最小的那个解）。

（4）迭代精炼 H 变换矩阵：由划分为内点的所有匹配重新估计 H，使用 LM 算法来最小化代价函数。

（5）引导匹配：用估计的 H 去定义对极线附近的搜索区域（本书定义与对极线的距离小于 1.5 像素的区域为搜索区域），进一步确定特征点的对应点。

（6）反复迭代（4）（5）直到对应点的数目稳定为止。

2）计算图像间变换矩阵初始值

设图像序列之间的变换为投影变换，即：

$$H = \begin{pmatrix} h_1 & h_1 & h_2 \\ h_3 & h_4 & h_5 \\ h_6 & h_7 & 1 \end{pmatrix} \tag{5.13}$$

式中，H 的自由度为 8。设 $p(x, y)$，$q = (x', y')$ 是匹配的特征点对，则根据投影变换公式为

$$\begin{pmatrix} x \\ y \\ 1 \end{pmatrix} = \begin{pmatrix} h_1 & h_1 & h_2 \\ h_3 & h_4 & h_5 \\ h_6 & h_7 & 1 \end{pmatrix} \begin{pmatrix} x' \\ y' \\ 1 \end{pmatrix}$$ （5.14）

可用 4 组最佳匹配计算出 H 矩阵的 8 个自由度参数 h_i ($i = 0,1,\cdots,7$)，并以此作为初始值。为了得到较为精确的 H 初始值，本书采用了鲁棒的 RANSAC 方法。该方法重复 N 次随机采样，通过寻找匹配误差的最小值，得到一组与 H 一致的数目最多的内点，并从这些内点中重新计算出精确的 H 初始值。

3）精炼图像间变换矩阵

由初始 H 值迭代精炼图像间变换矩阵的算法流程如下：

（1）对图像 I 中每个特征点 (x,y)：① 计算图像 I' 中的对应点 (x',y')；② 计算对应点之间的误差 $e = I'(x',y') - I(x,y)$；③ 计算 H 各分量相对误差 e 的偏导数；④ 构造 H 增量计算函数 $(A + \lambda I)\Delta h = b$。

（2）解 H 增量函数得到误差值 Δ，修正 H。

（3）判断误差值，若误差减小但未小于阈值，则继续计算新的 Δ，否则增大值，重新计算 Δ。

（4）当误差小于规定阈值时，停止计算，得到 H。

即使用迭代的方法计算所有点对间距离之和 $E = \sum_{i=1}^{N} e_i^2 = \sum_{i=1}^{N} [I'(x',y') - I(x,y)]^2$ 的最小值。当距离和值 E 小于规定阈值时，停止迭代，得到最终图像间变换矩阵 H。

为在较少步骤内迭代收敛到较为精确真实的图像间变换矩阵 H，本书使用了 Levenberg-Marquardt 非线性最小化迭代算法。该算法主要通过计算图像间变换矩阵 H 各分量 $h_i (i = 0,1,\cdots,7)$ 相对于 e_i 的偏导数，来构造计算 H 增量的函数 $(A + \lambda I)\Delta h = b$（其中 A 的分量为 $a_{kl} = \sum \dfrac{\partial e}{\partial h_k} \dfrac{\partial e}{\partial h_l}$，$b$ 的分量为 $b_k = -\sum e \dfrac{\partial e}{\partial h_k}$），从而通过获得的 H 增量来逐步精炼 H。

3. 图像融合

根据图像间变换矩阵 H，可以对相应图像进行变换，以确定图像间的重叠区域，并将待融合图像注册到一幅新的空白图像中形成拼接图。需要注意的是，由于普通的手持照相机在拍摄照片时会自动选取曝光参数，这会使输入的图像间存在亮度差异，导致拼接后的图像缝合线两端出现明显的明暗变化。因此，在融合过程中，需要对缝合线进行处理。进行图像拼接缝合线处理的方法有很多种，如颜色插值和多分辨率样条技术等，本节采用了快速简单的加权平滑算法处理拼接缝问题。该算法的主要思想是：图像重叠区域中像素点的灰度值 $Pixel$ 由两幅图像中对应点的灰度值 $Pixel\_L$ 和 $Pixel\_R$ 加权平均得到，即：$Pixel = k \times Pixel\_L + (1 - k) \times Pixel\_R$，其中 k 是可调因子。

通常情况下 $0<k<1$，即在重叠区域中，沿图像 1 向图像 2 的方向 k 由 1 渐变为 0，从而实现重叠区域的平滑拼接。为使图像重叠区域中的点与两幅图像建立更大的相关性，令 $k = \mathrm{d}k / (d_1 + d_2)$，其中 d_1，d_2 分别表示重叠区域中的点到两幅图像重叠区域的左边界和右边界的距离。即使用公式 $Pixel = \dfrac{d_1}{d_1 + d_2} \times Pixel\_L + \dfrac{d_2}{d_1 + d_2} \times Pixel\_R$ 进行缝合线处理。

5.1.3 纠正镶嵌处理

1. 微分纠正

（1）首先，对 DEM 格网（例如 12.5 m × 12.5 m）按像元地面分辨率（1 m × 1 m）的大小进行分割，形成 1 m × 1 m 的格网，用该 DEM 格网的四角高程对 1 格网每个点的高程进行双线性内插。

（2）依次将每个像元的地面坐标按空间直线方程投影到像片上，求得其像点坐标 (x, y)。

（3）根据该像点坐标寻求其周边有关的扫描像片像元，进行灰度内插（重采样）。

（4）重采样方法的选择：

① 最邻近点法：此方法最简单，但会造成像点在一个像元范围内产生位移，精度较差，一般情况下不采用。

② 双线性内插法：此方法较简单，且具有较高的灰度内插精度，是实践中常用的方法。

③ 双三次卷积内插法：此方法较复杂，内插精度好，当重采样前后像元地面分辨率之比达 1：2 以上（抽稀）时，应采用本方法才能取得较好的效果。

2. 色调调整与影像镶嵌

（1）镶嵌前应保证片与片之间、图幅与图幅之间的影像色调基本一致。特别是彩色影像（包括真彩色、彩红外等）必须根据需要进行局部色彩纠偏，以保持整体色彩效果的统一。

（2）相邻模型影像的镶嵌，应注意拼接线的选择：

① 一般以控制点连线为拼接线；

② 为避免地物影像分割（如高大建筑物）失去完整性，在以控制点连线为中心线的 1 cm 范围内选择拼接线；

③ 影像镶嵌后不能造成影像重影。

3．图幅裁切

按 GB/T 13989 确定图幅四个图廓点坐标，图廓点外接矩形外扩 100 m 即为图幅裁切范围。

1∶10 000 数字正射影像图的左下角坐标 X_{min}、Y_{min}，右上角坐标 X_{max}、Y_{max} 计算公式如下：

$$X_{止} = X_{min} = \text{INT}[\min(x_1, x_2, x_3, x_4)] - 100$$

$$Y_{起} = l_{min} = \text{INT}[\min(y_1, y_2, y_3)] - 100$$

$$X_{起} = X_{max} = \text{INT}[\max(x_1, x_2, x_3, x_4) + 1] + 100$$

$$Y_{止} = I_{max} = \text{INT}[\max(y_1, y_2, y_3) + 1] + 100$$

保存图幅 DOM 影像数据的信息文件（*inf），其内容包括：

（1）起点像元中心点坐标，终点像元中心点坐标；

（2）像元尺寸（地面分辨率）；

（3）影像行数（东西向）、列数（南北向）。

5.1.4　空中三角测量加密处理

空中三角（简称空三）测量是以航空片上测量的像点坐标为依据，采用严密的数学模型，按最小二乘法原理，用少量地面控制点为平差条件，求解测图所需控制点的地面坐标。光束法区域网平差空中三角测量方法是一种常用的空三处理算法，其基本思想是以每一张航片组成的一束光线作为平差单元，以中心投影的共线方程作为平差的基础方程，通过各光束在空间的旋转和平移，使模型之间的公共光线实线最佳交汇，将整体区域最佳地纳入控制点坐标系，从而确定加密点的地面坐标及航片的外方位元素。

经过提取特征点、提取同名像对、相对定向、匹配连接点、区域网平差等主要运算步骤，得到目标区域的空三测量成果。一般情况下，为提高空三测量的成果精度，可以对目标区域分别进行二次空三运算，最终得到更精确的空三结果。在获得符合技术精度要求的空三处理结果后，利用此结果进行三维建模处理，流程如图 5.2 所示。

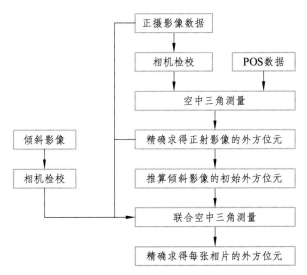

图 5.2 影像空三加密流程

1. 影像镶嵌和裁切

影像拼接时，应尽量调整色彩、色调，使要拼接的相邻两影像的色彩、色调协调、统一，尽量使用像片的中间部分，因像片的边缘部分变形多。两像片间的重叠部分一般为 60%～70%，所以，完全可以舍弃像片的边缘部分，而选取像片的中间重叠部分。

在拼接影像之前，首先应对纠正过的像片进行逐步检查，看是否变形及接边较差是否满足精度要求。经检查确信无变形，且精度符合要求，方可进行影像的拼接和裁减工作。影像的镶嵌确定合适的拼接线，拼接线可以是缺省的，也可以由用户自定义。一般采用用户自定义，因为这样可以避开一些重要的地物要素，如房屋、道路等。这样才能确保做到无缝拼接。否则，镶嵌后的同一要素影像由于分别来源于两张像片，很容易发生错位或色彩、色调有差异。这样，既不能保证数字正射影像图的地理精度，又不能保证其图面效果。

镶嵌线选取时的技巧如下：

（1）选择明显黑白影像变换处的地物。在沿不同植被，且影像灰度变化明显的地物边缘采线，镶嵌后的影像过渡自然，选择为镶嵌线的地物宽度要窄，如选择梯田、地埂平缓道路的边线等，如图 5.3 所示。

图 5.3　影像镶嵌线选取

（2）避开特殊地物选线。如在正射影像重叠区域内，有错综的桥梁、房屋密集区等，若可以在其他地形处选择镶嵌线，最好避开这些地物，以确保其完整性。如果在重叠区内采线必须经过这些地物时，一定要视情况而定：如桥梁处，在走镶嵌线时使用波折处理，若不可行，可用生成的单片在 Photoshop 中贴图；房屋密集区，使用投影高的房屋压盖投影低处房屋。

（3）镶嵌线的采点一定要光滑。选择为镶嵌线的地物高差变化的地方一定要多采点，以保证数据的完整性。

选择多条航线中地物类较丰富的局部影像，对其进行亮度和对比度调色作为标准灰度模板，并进行灰度一致性处理。最终将各航线的影像进行镶嵌，形成矩形的正射影像数据块。

注意图幅接边处的影像使用。在图幅接边处应该使用相同的相片正射影像，减少接边误差和色彩差异。

利用单幅影像的外扩范围。规定每个单幅影像要外扩一定的范围，接边时先按自己负责的范围裁切接边影像，再用 Photoshop 把裁好的接边影像与自己负责的影像套合，进行接边和色彩调整。

2. 影像拼接展示

根据项目要求将可见光影像拼接成 GIS 通用格式文件，以文件形式交付并镶嵌到输电线路机巡数据分析应用平台中。

影像拼接后效果展示如图 5.4 所示。

图 5.4　影像拼接后效果

镰嵌后效果展示如图 5.5 所示。

图 5.5 镶嵌后效果

5.2 高程数据拼接

首先根据分类点云数据提取地表关键点，生成高精度的 DEM 数据，然后合并到低精度 DEM 中。DEM 处理流程如图 5.6 所示。

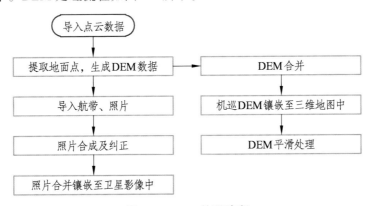

图 5.6 DEM 处理流程

LAS 格式是一种二进制文件格式，是 LiDAR 数据的工业标准格式。

LAS 文件按每条扫描线排列方式存放数据，包括激光点的三维坐标、多次回波信息、强度信息、扫描角度、分类信息、飞行航带信息、飞行姿态信息、项目信息、GPS 信息、数据点颜色信息等。LAS 格式定义中用到的数据类型遵循 1999 年 ANSI（American National Standards Institute，美国国家标准化协会）C 语言标准，如图 5.7 所示。

C	F	T	X	Y	Z	I	R	N	A	R	G	B
1	5	405 652.362 2	656 970.13	4 770 455.11	127.99	5.6	First	1	30	180	71	96
3	5	405 652.362 2	656 968.85	4 770 455.33	130.45	2.8	First	1	30	113	130	122
3	5	405 653.042 6	656 884.96	4 770 424.85	143.28	0.2	First	2	−11	120	137	95
1	5	405 653.042 6	656 884.97	4 770 421.30	132.13	5.2	Last	2	−11	176	99	110

图中　　C——class（所属类）；

F——flight（航线号）；

T——time（GPS 时间）；

I——intensity（回波强度）；

R——return（第几次回波）；

N——number of returns（回波次数）；

A——scanangle（扫描角）；

R, G, B——red, green, blue（RGB 颜色值）。

图 5.7　ANSI C 语言标准

输电线路通道扫描的 LAS 数据中除了含有地表外，还包含植被、杆塔、导线、建筑物等。如果根据原始 LAS 数据提取高程信息的话，会把地上的物类高度同时提取，所以本书只提取了地表的高程信息，以便最大限度地还原输电线路走廊的地图。

LAS 数据中由于地表距离扫描设备最远，故根据 LAS 数据中的回波强度可分离出地表数据。再根据单波段的 GEOTIFF 格式即可生成通用 DEM 高程数据。采用标准的 ImageServer 服务发布，并与云南省高程服务叠加展现，在三维 GIS 的应用中展现高精度的输电线路通道高程。

5.2.1　高程数据采集原则与获取

1. 采集原则

建立 DEM，首先必须量测一些点的三维坐标，即 DEM 数据采集或 DEM 数据获取，这些具有三维坐标的点称为数据点或参考点。

数据采集是 DEM 的关键。在地形图上的高程数据主要以等高线形式表示，此外，独立高程注记点数据更具有重要的意义，如山脊线、谷底线、山坡转折线等分布在地形线上的高程数据，是表示地形转折的控制数据，是数据采集的重要目标。研究结果表明，由于实际地形无一定数学规律可以遵循，因此影响数据高程模型精度的主要因素是原始数据的获取。在一定的地形条件下，DEM 的精度与原始数据呈线性从属关系。任何一种内插方法，均不能弥补因取样不当而造成的信息损失。因此，决定 DEM 精度的是数据的采集密度和采点的选择。但数据点太密会增大数据获取和处理的工作量，数据的冗余量也会增加，比如在单调坡面上过多地采点无助于地形特征的表示。因此，与采集点密度相关的是选点问题。一个点对构成地貌形态中贡献的大小，由该点的不可被置换程度决定。该点不可被置换程度越大，表示它在构造地貌形态中贡献越大。

2. 数据获取

DEM 数据包括平面位置和高程数据两种信息。采用何种数据源和相应的工艺，一方面取决于这些源数据的可获得性，另一方面也取决于 DEM 的分辨率、精度要求、数据量大小和技术条件。常用的数据来源有以下几种：

1）影像

航空摄影测量一直是地形图测绘和更新最有效的手段，其获取的影像是高精度大范围生产最有价值的数据源。利用该数据源可以快速地获取或更新大面积数据，从而满足对数据现势性的要求。航天遥感也是获取数据的一种方式，从一些卫星扫描系统，如中国高分系列卫星和美国 World View Geoeye 等卫星所获取的遥感影像也能作为数据来源。但从实验结果来看，所获得高程的相对精度和绝对精度均偏低，除可以作某种目的的勘测之用外，在生产实用上没有太多的使用价值。但是，近几年出现的雷达和激光扫描仪等新型传感器数据被认为是快速获取高精度、高分辨率最有希望的数据源。

2）现有地形图

地形图是另一主要数据源。对大多数发达国家和某些发展中国家来说，其国土的大部分地区都有着包含等高线的高质量地形图，这些地图为地形建模提供了丰富的数据源。从地形图上采集数据，主要利用数字化仪对已有地图上的信息如等高线、地形线进行数字化，这是目前常用的方法之一。数字化仪有手扶跟踪数字化仪和扫描数字化仪。利用手扶跟踪数字化仪可直接得到数字化的地形矢量数据，这些矢量数据包括等高线数据、点状地物数据和线状地物数据。利用扫描数字化仪可获得地图栅格数据，需要用专门的矢量化软件对该数据进行矢量化，从而得到地形矢量数据。

3）野外实测

用全球定位系统、全站仪或经纬仪配合计算机在野外进行观测获取地面点数据，经适当变换处理后建成数字高程模型，一般用于小范围详细比例尺的数字地形测图和土方计算。以地面测量的方法直接获取的数据能够达到很高的精度，常用于有限范围内各种大比例尺高精度的地形建模，如土木工程中的道路、桥梁、隧道等。然而，由于这种数据获取的工作量大、效率低、费用高，并不适合于大规模的数据采集任务。

4）数字高程模型数据采集新技术

大范围、高精度、高效率、高分辨率数据的建立，要求具有精度高、获取快、信息丰富的数据源。合成孔径雷达干涉测量数据采集方法和机载激光扫描数据采集方法被认为是最有希望达到这一目标的数据采集技术。

合成孔径雷达干涉测量数据采集，通过雷达遥感获取 DEM 有 3 种方式：雷达立体影像测图、雷达影像阴影——形状的坡度估计方法和雷达干涉测量。雷达立体影像测图是延续摄影测量方法的一种工作方式，因为雷达影像是以侧视距离成像，其立体影像以同向侧视成像为宜，采用这种方式的并不多。

仅用单幅雷达影像，根据信号与地面坡度的关系，对地面各部分坡度进行估算，从而计算高程，被称为雷达立体测图方法。其困难在于建立信号与坡度关系的模型，因为有许多不可预计的因素，如植被覆盖、地表面粗糙度、影像非均匀表面纹理等，计算时需要满足边界条件或地面信号一般为低频，即地面起伏不大。雷达干涉测量相比其他两种利用数据获取的手段具有更高的精度，它是传统的微波遥感与射电天文干涉技术相结合的产物。合成孔径雷达利用多普勒频移的原理改善雷达成像的分辨率，特别是方位向分辨率，提高了雷达测量的数据精度。合成孔径雷达干涉测量是通过从不同空间位置获取同一地区的两个雷达图像，利用杨氏双缝光干涉原理进行处理，从而获得该地区的地形信息。对于覆盖同一区域的两幅主、从雷达图像，可利用相位解缠的处理算法得到该区域的相位差图，即干涉图像，再经过基线参数的确定，即可得到该区域的数据。其中，如何确定绝对干涉相位差和基线参数是数据处理的关键。

5）机载激光扫描数据采集

机载激光扫描测高技术是激光测距技术、计算机技术、高精度动态载体姿态测量技术和高精度动态差分定位技术迅速发展的集中体现。机载激光扫描系统一般以扫描激光测距和惯性导航系统为主进行集成，利用飞机作为运行平台，其重点是获取地面的三维位置，进而快速生成 DEM，是三维位置信息的测量系统。

机载激光扫描的工作原理主要是主动遥感。机载激光扫描系统发射出激光信号，经由地面反射后到达系统的接收器，通过计算发射信号和反射信号之间的相位差和时间差，以获得地面的地形信息。对获得的激光扫描数据，利用其他大地控制信息将其转换到局部参考坐标系，即得到局部坐标系统中的三维坐标数据，再通过滤波、分类等剔除不需要的数据，即可进行建模。对三维坐标数据进行滤波处理即可得到数据。利用激光扫描生成的数字表面模型的高程精度可以达到 0.1 m，空间分辨率可以达到 1 m，满足房屋检测等高精度数据的需要。

5.2.2 可见光影像数据 GIS 格式图层生成

DEM（数字高程模型）常用于描述地形表面的起伏形态，传统的数字高程模型的形式主要有规则网格 DEM、TIN 等高线，在描述地表形态中发挥着巨大的作用，为军事、国民经济建设提供了坚实的基础地理信息。但在平原微地形地区，经过人类长期的耕作和自然的作用，其地表的高程起伏并不大，而大量存在的田坎、堤坝、道路、沟渠使得地表的形态十分复杂。

为了更好地在 GIS 中使用 DEM 数据，有学者提出一种将 TIN 和单值矢量图的模型来融合 GIS 和 DEM 的数据，以期达到解决网格 DTM 无法精确表述突变以及矢量栅格混合分析效率不高的问题。1995 年，斯图加特大学的 FRITSCH 在摄影测量周上提出了将面向对象的编程方法理念，用于 DTM 模型的构建，并提出了 OODTM 的概念和表达。但完整的数字高程模型应包括数据以及数据处理、表达和分析方法的统一体。

传统获取 DEM 的方式，如实测地面点坐标、通过构建不规则三角网 TIN 或内插生成规则格网 DEM 等，由于工作强度大、速度慢、成本高等因素影响，导致很难在大范围内展开。航空摄影测量在这些地区又很难达到微地形要素对高程精度的要求，而这些要素对精准农业、农田及防洪水利工程建设、土地整理工程设计与施工都至关重要。

为从海量的点云数据中获取高质量的数字高程模型，本书提出一种基于特征保持的 LiDAR 点云获取面向对象的数字高程模型。

LiDAR 点云数据具有高精度、高密度、可快速获取的特点，近几年来成为获取 DEM 的重要数据源。点云数据也有一定的缺点，超大数据量的处理是至今无法逾越的瓶颈。

点云数据及可见光影像数据 GIS 格式的图层生成涉及 DEM 对象边界的提取、特征保持的点云疏化、基于属性近似的网格约化及对象提取等技术难点，本节针对以上内容开展研究。

1. 面向对象的数字高程模型

微地形具有地面起伏小、高程精度要求高、地形单元复杂等特点，规则格网 DEM 在描述微地形上存在一定的缺陷。部分重要的微地形特征信息无法在规则格网 DEM 中得以保存（见图 5.8）。用传统的数字高程模型很难表达平原区的地形面貌，需要针对平原微地形区的实际情况研制新型的数字高程模型。

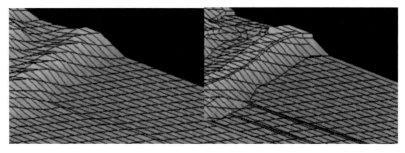

图 5.8　格网 DEM 在描述微地形时失真

面向对象的数字高程模型（OODEM）认为地表是连续但不完全光滑的表面，可将地表划分为若干地形单元。地形单元的集合构成了 OODEM，每个地形单元就是一个对象，由各个对象共同组成了地表的数字高程模型。

类似于 GIS 中的多边形数据，但 DEM 与 GIS 中的多边形也有明显的区别，表现在顶点为三维、表面可能为曲面以及与地形相关的属性和方法等方面。比如在平原微丘区，如图 5.9 所示，其微地形对象可以有陡崖、水渠、梯田、堤坝、人工地形、人工池塘等。

图 5.9　微地形对象

2. 对象边界的提取

微地形表面是连续的曲面，进一步可划分为若干个地形属性一致的地形单元，比如田面、机耕路面、路边坡、田坎等。每个单元就是一个对象，此处的对象并不等于实地的地物，每个地物可能由若干个微地形对象构成。特征点线构成了地形的骨架，微地形对象由地形特征线围成。此处的地形特征线是广义的特征线，包括传统意义的山脊山谷线和坡度变化线。

在光滑平面上主曲率在主方向上存在极值，即偏微分为零，则预示着此处可能存在对象边界。曲面可以用密集的采样点来逼近，根据离散微分几何，可以计算局部范围内若干采样点拟合的曲面的曲率。

设 $k_{\max}$、$k_{\min}$ 为局部曲面的最大、最小主曲率，$t_{\max}$、$t_{\min}$ 为局部曲面的最大、最小主方向。

当
$$\left.\begin{array}{l} e_{\max} = \partial k_{\max} / \partial t_{\max} = \nabla k_{\max} \cdot t_{\max} = 0 \\ e_{\min} = \partial k_{\min} / \partial t_{\min} = \nabla k_{\min} \cdot t_{\min} = 0 \end{array}\right\} \tag{5.15}$$

时，此处可能出现地形特征数据：

$$\begin{array}{l} \Delta_S n = -(k_{\max}^2 + k_{\min}^2)n - \nabla_S(k_{\max} + k_{\min}) \\ \Delta_S n \cdot n = -(k_{\max}^2 + k_{\min}^2) \end{array} \tag{5.16}$$

式中，Δ_S 为曲面拉普拉斯算子。

$$\left.\begin{array}{l} e_{\max} t_{\max} = \dfrac{k_{\max}^3 D_{\max}}{k_{\max} - k_{\min}} n_{\max} \\ e_{\min} t_{\min} = \dfrac{k_{\min}^3 D_{\min}}{k_{\min} - k_{\max}} n_{\min} \end{array}\right\} \tag{5.17}$$

借助曲面焦平面可得：

$$\left.\begin{array}{l} D_{\max} n_{\max} = \dfrac{\partial f_{\max}}{\partial_u} \times \dfrac{\partial f_{\max}}{\partial_v} \\ D_{\min} n_{\min} = \dfrac{\partial f_{\min}}{\partial_u} \times \dfrac{\partial f_{\min}}{\partial_v} \end{array}\right\} \tag{5.18}$$

在离散点云情况下需要近似计算，在高密度点云情况下，可用密集点云逼近曲面，当逼近误差小于工程需要时，则可认为两者一致。此时顶点 v_i 的曲面拉普拉斯算子为

$$\Delta_S(v_i) = \frac{1}{A_i} \sum_j (\cot \alpha_{ij} + \cot \beta_{ij}) \tag{5.19}$$

式中，α_{ij}、β_{ij} 为与顶点 $v_j v_i$ 连线相邻的三角形顶角。

由公式 $\Delta_{SS} = (k_{max} + k_{min})n$ 和公式 $\Delta_S n \cdot n = -(k_{max}^2 + k_{min}^2)$ 可推出 k_{max} 和 k_{min}。

借助于焦曲面和公式可得：

$$e_{max} t_{max} \approx \begin{cases} k_{max}^3(v_i), & 1 \\ k_{max}(v_i) - k_{min}(v_i), & M \end{cases} \tag{5.20}$$
$$\sum_{j \in N(i)} (f_{(j)max} - f_{(i)max}) \times (f_{(j)max+1} - f_{(i)max})$$

可以计算出 e_{max}。当识别出特征点数据后，需要以此为基础生成特征线。

3. 特征保持的点云疏化

对象边界识别出来后可构成地形的特征数据，根据此数据可对原有的点云进行疏化处理，形成简化的 TIN。

将识别的特征线作为约束条件，将点云约束构建 TIN，根据约束 TIN 的特点，特征信息将隐含在约束 TIN 中，与顶点 P 相邻的三角形顶点相关联的三角形构成了点 P 的超邻域，通过分析 TIN 中顶点超邻域的二次误差矩阵，对 TIN 上的重要细节特征进行定位，实现了 TIN 简化过程中细节特征的保持，在边折叠的代价函数中考虑新生成三角形的空间形状优化。

计算 TIN 中各顶点所在超邻域的二次误差矩阵为

$$\boldsymbol{Q} = \begin{pmatrix} A & b \\ b^{\mathrm{T}} & c \end{pmatrix} \tag{5.21}$$

根据二次误差矩阵可以确定 TIN 边上的误差值，决定是否可以对折，若边为特征边，则其边的误差值小，需要保留该边。否则就可以对该边进行合并，合并后形成点，此点可以是原边上的顶点，也可以是新生成的点。由于原始测量点的精度是最高的，因此最终以原边上的顶点作为合并后的点。

此过程可以进行一次，也可以进行若干次，直到没有点可以删除为止。

4. 网格约化及对象提取

网格约化的目的是将三角形网生成多边形网，由于大部分的微地形对象均是以空间多边形外观的形式存在，因此这一步骤是形成地形对象的前提，此过程是一个基于属性近似的聚类过程。循环每一个顶点，计算以该点为顶点的三角形的法向量。$\max k$、$\min k$ 分别代表这些法向量的最大值和最小值。设 $\varepsilon = \max k - \min k$，若 ε 小于阈值，则该顶点将被删除，实际操作时仅对该点做删除标志。其原理可参见图 5.10。

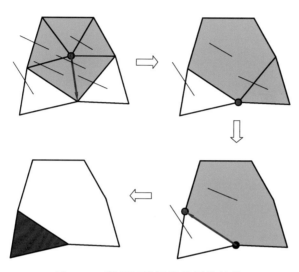

图 5.10　基于属性近似的网格约化

根据需要可对剩余的点重复进行此操作。根据初步实验表明，该阈值的大小与地形的复杂程度、采样点的疏密程度、采样点的精度相关。

微地形对象可认为是多边形网格，网格的边界也是对象的边界。任何边界至多由两个对象共有，这里我们将空对象也认为是一个对象。当约化完成后，需要自动追踪出这些对象。追踪的方法是，对点序列取出一点，如果此点有删除标志，则从此点沿原来的三角形某边滑动到另外的顶点继续判断，直到某点需要保留为止，做开始标志；若某边为特征边则进行连线，由于微地形的特征线未必都是首尾相连的，可以将特征线进行必要的延长并求交，最终形成微地形对象。

5.2.3　高程模型的构建及实现

DEM 表面生成的方法主要有：基于点的生成方法、基于三角形的生成方法和基于格网的生成方法。

1. 基于点的生成方法

基于点的生成方法是指使用零次多项式生成 DEM 表面，点云数据中的每一个点均会生成一个水平平面，假如用每个数据点生成的平面描述其周围一块小的区域（此区域在地理分析领域被称为此点的影响区域），那么所有点生成的所有平面便形成一个不连续的表面，用此表示 DEM 表面。对于某一个点的影响区域，DEM 表面的数学表达式为

$$z = z_i, (x, y) \in D_i \qquad (5.22)$$

式中，D_i 为此点的影响区域；z_i 为此点处的高程。

基于点的生成方法非常简单，确定相邻点之间的边界是其唯一的难点。因为此方法只需要独立的点，所以从理论上讲适用于任何类型的数据。因此，规则分布的数据可通过建立一系列规则的平面生成 DEM 表面，而不规则分布的数据，则利用生成一系列不规则的平面重建 DEM 表面。这种方法在 DEM 生成时似乎是可行的，但由于其生成的 DEM 表面是不连续的，所以在实际应用中一般不采用此方法。

2. 基于三角形的生成方法

基于点的生成方法只采用了多项式的一个项，如果采用多项式中的几项，便可得到更复杂的表面。观察多项式的一个零次项和两个一次项构成的前三项，可发现其决定的表面是一个平面。此多项式含有三个系数，我们最少需要三个点即可确定其系数。连接这三个点可得到一个平面三角形，此三角形可用于表示三点之间的 DEM 表面。如果将所有的数据点按照某种规则连接成三角形，并用三角形平面表示三点之间的 DEM 表面，那么 DEM 表面便由一系列相互拼合的平面三角形构成，此方法通常被称为基于三角形的生成方法。

基于三角形的生成方法同样适用于所有的数据，数据可以来自选择采样、规则采样、剖面采样、混合采样和等高线生成等多种方式。三角形作为图形中最基本的单元，其大小和形状具有较高的灵活性，因此基于三角形的生成方法在处理生成线、断裂线和其他复杂数据时具有很大的优势。基于三角形的生成方法是 DEM 表面重建的最主要方法，在实际生活中得到了越来越多的应用。

3. 基于格网的生成方法

基于格网的方法生成的 DEM 表面是由一系列相互拼合的双线性表面组成。基于

格网的生成方法区别于前两种方法的是对数据格式没有要求，其处理的是规则分布的数据，其他数据必须经过一定的变换，转化成规则分布的数据才能用此方法处理。在实际应用中，一般将基于格网的生成方法与基于三角形的生成方法联合，将每个矩形格网分解为几个三角形。

综上所述，基于点的生成方法一般不采用，基于三角形的生成方法和其与基于格网的混合方法较为常用。本书采用矩形中心法、规则三角形法和 Delaunay 三角网法三种网格化方法生成 DEM 表面。Delaunay 三角网法便是属于基于三角形的生成方法，而另外两种方法则属于基于格网的生成方法与基于三角形的生成方法的混合，它们都是实际应用中较为常见的网格化方法，也是比较重要的网格化方法。

4. GIS 格式图层生成效果

实验区位于某线路通道，所选区域田面宽约 36 m、长约 70 m，东北与交通水泥路面相邻（水泥路面不在区内），西北为排水沟（排水沟不在区内），东南为机耕路，西南面有一个微小的田埂。实验区的航拍图如图 5.11 所示。

采集的点云如图 5.12 所示，点的个数为 9 852 个，最小高程为 4.8 m，位于排水沟侧，最大高程为 6.34 m，位于临近水泥路面一侧，数据采用 WGS84 坐标系统。数据的采集季节为初夏，通道多为石沙，几乎没有植被，在东北边有树木存在，手工对其处理使其置于地表，数据的滤波不在本书的研究范围。

 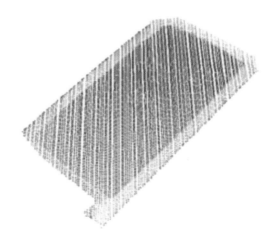

图 5.11 试验区影像　　　　　图 5.12 试验区点云数据

　　微地形边界识别首先利用离散微分几何的曲面曲率计算公式，计算主曲率的偏微分为零的可能地形变化点，如图 5.13 所示。蓝色点为最大值偏微分为零的可能点，品红色点为最大值偏微分为零的可能点。从图中可以看出明显的对象边界点。根据边界追踪算法，可粗略地得到对象的边界，如图 5.14 所示。

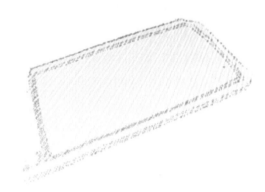

图 5.13　特征点分布

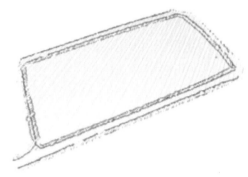

图 5.14　对象边界

　　有了特征数据即可以特征数据为约束条件，进行约束构建 TIN，建立的约束 TIN 如图 5.15 所示。

　　由于点云的密度太大，不利于高程起伏不大的微地形对象的识别，需要进行特征保持的点云疏化处理，其结果如图 5.16 所示；接着进行基于属性近似的网格约化处理，如图 5.17 所示；最后进行微地形对象的识别，其渲染结果如图 5.18 所示。

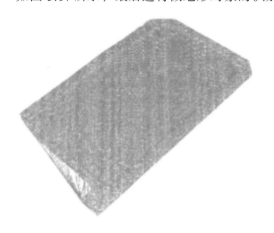

图 5.15　点云约束构建 TIN

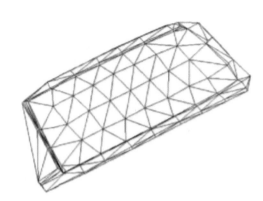

图 5.16　特征保持的点云疏化

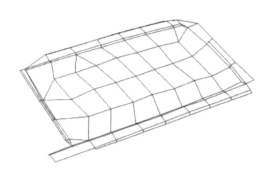

图 5.17 基于属性近似的网格约化结果　　　　　图 5.18 对象识别

微地形对象识别的关键之处是边界识别，这些边界由真实存在的点构成。但是 LiDAR 点云数据的点未必刚好落于真实的地形变化处，或者说不能准确地获取微地形对象边界，所以，根据书中所提的方法得到的对象与实地地形尚存在一定差距，两者的差值与 LiDAR 的采样间距有很大的关系。采样点越密集，采样点与特征点的差异就越小。这需要根据实际需求以及工程实际和地形的复杂性综合考虑拟定合适的飞行计划，设计合理的飞行高度。

与 LiDAR 点云同期获取的影像数据是点云数据很好的补充，由影像匹配生成立体像对提取特征点的三维坐标是 LiDAR 点云数据的良好补充，但此法在平整微地形区的应用效果并不理想，可辅以人工交互手段得到确切的对象边界数据。

5.2.4 DEM 精度的评定

DEM 精度是指数字高程模型（DEM）与实际地形表面的逼近程度。DEM 表面上点的误差是数字地面建模过程中所传播的各种误差的综合，它主要受以下几个因素的影响：地形表面特征、DEM 原始数据的密度及分布等属性、DEM 表面建模方法、DEM 表面自身特性。其中，决定以地形图构建的 DEM 精度的主要因素是原始数据的属性特性。对于以地形图为数据源的数字高程模型而言，地形的复杂程度是我们无法选择的，只有通过加密采样点进行弥补；数据源误差主要是地形测图误差和图纸伸缩误差；高程内插精度主要取决于采样间隔；至于 DEM 表面自身特性对精度的影响相对较小，而且可通过加密采样点弥补。数字高程模型精度评定的方法分为检查点法、剖面法和等高线法。精度评定途径主要有两种：其一是试验的途径，即从数据源随机抽取样区或凭专家经验选择典型地貌样区，或用各种采点方法，依据选用的高程内插数学模型，估算所建数字高程模型的精度；其二是试验和推导相结合的途径，这条途径的特点是寻求对地表起伏复杂变化的统一量度和对各种内插数学模型的通用表达方式，使评定方法以及评定所得的精度和某些带规律性的结论，有较为普遍的理论意义。

在完成生产 DEM 的基础上，进一步对 DEM 的质量进行检查，主要包括：

（1）数字高程模型覆盖范围及格网点尺寸，正确检查 DEM 对应原始点云坐标范围以及两者是否对应准确，并对格网尺寸做进一步检验。

（2）地面点云数据使用准确。

（3）特征线位置是否合理、高程是否准确。

（4）河流边线的高程值从上流到下流逐渐降低，湖泊、水库、池塘等面状水域边线的高程值保持一致。

（5）数字高程模型精度达到相关规范的规定要求。

（6）接边精度符合相关规范要求。

分析待处理区域内的 DEM 数据基本信息，检查 DEM 有无错误以及分幅间是否接边正确。

5.3　点云数据模型构建

基于点云数据模型构建处理的主要步骤为点云数据的获取、点云数据的预处理、模型构建与纹理映射等。其中，预处理包括数据的配准、去噪、精简、分割、三角划分、曲面重建、三维建模等。其流程图如图 5.19 所示。

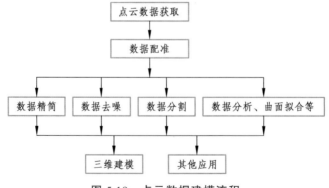

图 5.19　点云数据建模流程

5.3.1　三角划分技术

三角划分是数据处理中非常重要的步骤。三角网格是实物原型曲面重构的基础，可应用于快速原型制造、真实感模型显示、重构曲面的再设计等反求工程的各个方面。研究三维的三角划分技术有重要的理论意义和应用价值。

1. 三角划分的研究意义与现状

三维的三角划分，是逆向工程中曲面重建工作的重要内容。由于三维扫描所得到的数据是密集散乱点集，为了进行三维重构，有必要进行密集散乱点的三角化研究，由密集散乱点集生成三角形网格。三角网格模型相对较简单，且对复杂拓扑的几何形状的描述能力强，相关算法也较为成熟，目前大多数几何造型系统都支持三角网格模型。

三角网格模型的优良性质使得它在计算机图形学、计算机仿真、几何造型、快速原型制造、数控加工编程、干涉检查、有限元分析、电影特技制作、医用图像生成、地理信息系统等领域得到了广泛的应用。点云的三角划分在函数插值、散乱点曲面插值、有限元分析、计算机图形学、科学计算可视化等领域有着广泛的应用背景。多年来，有关散乱点的三角划分问题的研究一直是这些领域所关注的重点。迄今已取得了较多的研究成果，提出了许多三角优化准则及优化三角形网格构造方法，其中应用最为广泛的准则为 Delaunay 三角化。因为应用该准则能有效避免狭长三角形的产生。与 Detaunay 三角化等价的准则分为 Thiessen 区域准则、最小内角最大准则、圆准则等。

2. Delaunay 三角划分准则

1）网格划分基本原则

早期使用四边域参数拟合技术来逼近实物测量曲面，但对于空间散乱点和不规则曲面，四边域曲面拟合效果不佳。相对而言，三角形网格比四边形网格更为稳定，更能灵活反映实际曲面复杂的形貌，对复杂边界也能很好表达，适用于任意分布的散乱数据点集，故采取三角网络划分。经典有限元划分理论认为，网络划分应满足以下要求：

（1）单元之间不能相互重叠，要与原物体的占有空间相容，即单元格既不能落在原区域之外，也不能使原区域边界内出现空洞；

（2）单元应精确逼近原物体；

（3）单元的形状合理，每个单元应尽量趋近正三角形；

（4）网络的密度分布合理；

（5）相邻单元的边界相容，不能从一个单元的边或面的内部产生另一个单元的顶点。

2）Delaunay 三角划分

目前，最广泛流行的三角划分算法是 Delaunay 三角划分方法，简称 DT（Delaunay Triangulation）。理论上严格证明，当给定的节点分布中不存在四点或四点共圆时，Delaunay 三角划分有唯一的最优解，即所有三角形单元中最小内角之和最大。

3）Delaunay 三角划分的实现

Delaunay 三角划分的实现算法很多。最早有一种逐个插入节点的递归算法。该算法的基本出发点是每一个 Delaunay 三角形的外接圆内不包含任何其他节点，一旦出现某三角形的外接圆内包含了其他节点的情况，就必须局部修改原来的网格划分，直到满足这一条件为止。算法步骤：首先构造一大外接圆，将所有节点都包含进去，然后每次引入一个节点，重复执行下列步骤，直至所有节点都进入三角网格为止。

（1）找出已有三角形中哪些外接圆包含新加入的节点；

（2）删除这些三角形中离新节点最近的一条边；

（3）将新节点与四周老节点连接，产生新的三角形。

如图 5.20 所示为使用递归插入节点方法生成 Delaunay 三角网格。

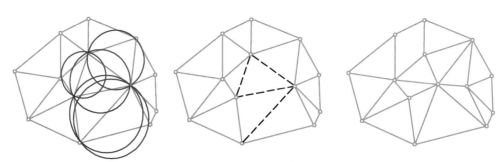

图 5.20　使用递归插入节点方法生成 Delaunay 三角网格

获取 Delaunay 三角网络，主要有以下两种思路：

第一种是在引入新节点 N 时，首先找到与新节点 N 最近邻的节点 K，然后根据节点 N 与 K 的连线的垂直平分线与 Voronoi 多边形相交，再将该 Voronoi 多边形内的节点 L 加入 N 的邻接表中，再根据节点 L 与 N 的连线的垂直平分线找下一个邻接点，以此构造新节点 N 的邻接表（见图 5.21），再根据邻接点局部修改原三角网格。

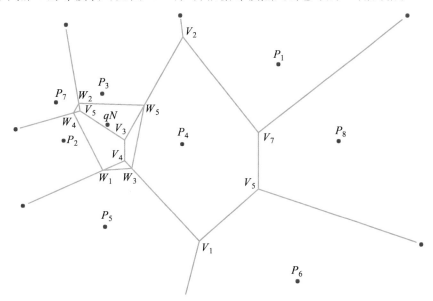

图 5.21　更新 Voronoi 图的基本思想

第二种更新 Voronoi 图的基本思想如下：

（1）识别出所有由于新节点 N 的插入而将被删除的 Voronoi 多边形顶点，如图 5.21 中的多边形顶点 V_3、V_4、V_5，这些顶点离新节点 N 比离自己的三个生成点近；

（2）构造节点 N 的邻接表，节点 N 的邻接点是所有生成被删除顶点的网格节点（即图 5.21 中的网格节点）；

（3）修改其他节点的邻接表；

（4）计算节点 N 的 Voronoi 多边形顶点及与每个顶点的生成点相邻的顶点。

3. 三角网格优化准则

三角网格优化是指通过对原始网格进行调整，使得到的网格 M 中出现尽量少的尖锐三角形，减少狭长三角形的个数，即在整个网格中所有三角形最小内角之和最大，并使得网格形状变化最合理。除了 Delaunay 三角划分能保证划分得到的三角网格形状局部最优以外，通过其他划分方法得到的网格均需根据优化准则进行优化。目前三角网格优化有五种准则：Thiessen 区域准则、最小内角最大准则、圆准则、ABN 准则和 PLC 准则。

1）Thiessen 区域准则

Thiessen 区域是指 Dirichlet Tessellation 区域分割后得到的 Voronoi 多边形区域。如果两个 Thiessen 区域具有非零长度的公共线段，则称这两个区域的生成点为 Thiessen 强邻接点；如果它们的公共部分仅为一个点，则称这两个区域的生成点为 Thiessen 弱邻接点。一个严格凸的四边形至多有一对相对顶点是 Thiessen 强邻接点。

Thiessen 区域准则是指对一个严格凸的四边形进行三角划分时，将 Thiessen 强邻接点相连，若两对顶点均是 Thiessen 弱邻接点，则任选一对相连，这样构造的三角网格是三角形形状最优的，如图 5.22 所示。

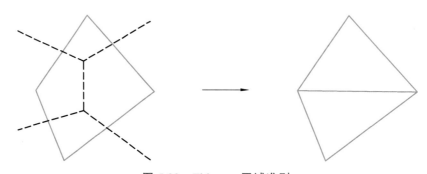

图 5.22　Thiessen 区域准则

2）最小内角最大准则

对一个严格凸的四边形进行三角划分时，有两种对角线连接方式，选择不同的连接方式可得到不同的三角划分。最小内角最大准则是要保证对角线连接后所形成的两个三角形的最小内角最大，此时的三角网格划分为最优，如图 5.23 所示。

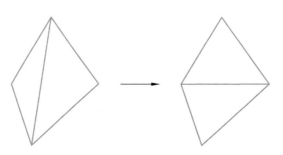

图 5.23　最小内角最大准则

3）圆准则

设 K 是经过严格凸四边形中三个顶点的圆。如果第四个顶点落在圆 K 内，则将第四个顶点与其相对的顶点相连，否则将另外两个相对顶点相连，这样形成的三角网络形状如图 5.24 所示。

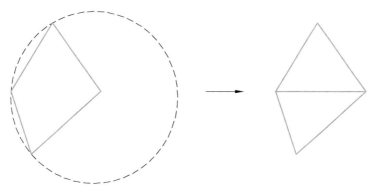

图 5.24　圆准则

与 Delaunay 三角化等价的准则分为 Thiessen 区域准则、最小内角最大准则和圆准则。

4）ABN 准则

设 T 是散乱数据点集 V 的三角划分。定义每一条内部边 c 的权值 $c(e)$ 为与之相邻的两个三角面法矢量的夹角。若两三角面处于同一平面上，则 $c(e)=0$。对一个严格凸的四边形进行三角划分时，有两种划分选择，设这两种对角线连接方式分别为 e 和 e'，ABN 准则就是要选择 $c(e)$ 和 $c(e')$ 中值较小的一种划分方式。ABN 准则优化三角网格的目的是使得两格中相邻三角片之间法矢变化尽量平缓。

5）PLC 准则

PLC 准则是要保证三角划分结果最小。PLC 准则是以网格节点为基础，使得节点周围三角面之间法矢变化尽量平缓。

ABN 准则和 PLC 准则不是对网格中三角形形状进行优化，而是选择这种节点连接方式，以保证网格空间形状出现尽量少的突变起伏。由于大多数曲面均有一定连续性的光滑曲面，因而 ABN 准则和 PLC 准则在大多数情况下能保证三角网格较好地逼近实物曲面。

利用上述提取分析技术，开展自动化快速分类和精细化数据分类为通道隐患点检测分析、隐患点消缺、交叉跨越分析监控、输电通道全景分析展示提供有效的数据支撑。

5.3.2 曲面重构算法

曲面重构算法（见图 5.25）首先在密集的散乱点集中寻找每一个测点的 k-邻近，利用 k 个邻近点近似算出待重建曲面在该测点处的法矢量，根据测点及其法矢量即可得到重建曲面在该测点处的切平面。虽然尚未重建曲面的整体形状信息，但可用测点处的有向切平面作为重建曲面在各测点处的线性逼近。由于用 k 个邻近点算出的法矢量可有正负两个方向，为了保证切平面方向的协调一致（指向曲面的同一侧），还要对法矢方向做自动调整。算法的下一步是建立空间点 p 到待重建曲面 M 的有向距离函数 $f(p)$。由于 M 是未知的，所以在计算 $f(p)$ 时，采用各测点处的有向切平面的集合表示待重建曲面 M。找到与点 p 距离最近的一个切平面，则 $f(p)$ 即为 p 点到该切平面的有向距离。给定空间一点 p，对应一个距离值 f，因而 $f(p)$ 是一个标量的体数据场。待重建曲面 M 应是使该标量体数据场取零值的所有点的集合。所以算法的最后一步是用体数据场等值面抽取 MC（Marching Cubes，步进立方体）算法输出 $f(p)$ 的零集 $Z(f)$。

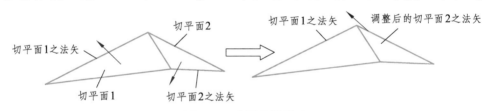

图 5.25 曲面重构算法

1. 微切平面的计算

给定曲面 M 上的散乱点集为 $X\{x_1, x_2, \cdots, x_n\}$，对于每一个散乱点 x_i 分别对应一个微切平面 $P(X_i)$；从几何意义上说，$P(X_i)$ 为曲面 M 在 x_i 处的线性逼近。微切平面 $P(X_i)$ 由中心点 O_i 和单位法矢 n_i 确定。计算完每一个测点的 k-邻近，即可计算待重建曲面在每个测点 x_i 处的微切平面 $P(X_i)$。

平面通过 Nbhd(X_i) 的形心，因而一般不通过 x_i，这样的切平面会使测点处的几何位置发生偏差，尤其对曲率较大的尖锐棱边和曲面的边界处影响较大。周儒荣的算法采用有约束的最小二乘平面，即将切平面的中心点直接取成 x_i，只需计算切平面的单位法矢 n_i，使 k 个邻近点到切平面的距离平方和达到最小，这是对 Hoppe 算法的改进之处。为计算 n_i，建立 Nbhd(X_i) 的协变矩阵：

$$CV = \sum_{p \in N_d(x_i)} (p - o_i)(p - o_i)^{\mathrm{T}} \tag{5.23}$$

其中，o_i 为 Nbhd（X_i）的形心位置，$(p-o_i)$ 为列向量，$(p-o_i)^{\mathrm{T}}$ 为 $(p-o_i)$ 的转置向量，CV 为一个对称的半正定 3×3 实对称矩阵。特征向量必然存在，记矩阵 CV 最小的一个特征值所对应的单位特征向量为 V_i，V_i 与 CV 所表示的微切平面法矢方向平行。因此，可通过计算 V_i 来确定微切平面法矢 n_i。则 n_i 应取为 V_i 或 $-V_i$。本节采用逆迭代法（反幂法）求解特征值问题。在本步骤中，暂时将 n_i 统一取为 V_i，为了使切平面法矢指向曲面的同一侧，还需要进行法矢方向的调整（确定是否需要反向）。求得的所有测点的法矢量也存于一个一维数组，顺序与原始测点数组相对应。

2. 统一微切平面法矢方向

上一节计算得到的切平面法矢量的方向一般是不协调的，n_i 的指向可能存在两个相反的方向：或与待构曲面外法矢指一致，或相反。因此，必须统一微切平面集的法矢方向，使所有的法矢量均指向曲面的同一侧。

设测点 x_i、$x_j \in X$ 是曲面上距离很近的两点，当数据点足够密且曲面足够光滑时，两个切平面 $P(x_i)=(x_i,n_i)$ 与 $P(x_j)=(x_j,n_j)$ 几乎是平行的，即 $n_i \cdot n_j \approx \pm 1$。如果切平面的法矢方向连续变化，则 $n_i \cdot n_j \approx \pm 1$。要实现两个平面间的法矢协调是很简单的，而本算法中法矢方向调整的难点在于使所有切平面法矢达到全局协调。法矢调整算法采用从一点开始，进行法矢方向"传播"的方法，即在图中任选一平面 x_i，然后以一定的优先准则选择该平面的一个邻近平面 P_j，根据上述分析的相邻平面法矢协调性条件，如果 $n_i \cdot n_j \approx -1$，则将 n_j 的方向取反，从而实现两邻近点间法矢方向的传播。已完成方向调整的法矢再将其方向传播给其邻近法矢，直到完成所有切平面法矢方向的调整。

需要注意的是，在法矢方向传播算法中，传播的顺序是十分重要的。如果只根据切平面中心之间几何上距离最近作为法矢方向传播的优先准则，有时会产生错误的法矢方向 n_i 传播结果。例如，在曲面含有尖角或尖锐棱边的情况下，即使两个切平面的中心点间距离很近，但有可能这两个切平面指向曲面同一侧的法矢量的点积却应当小于零。如果在这样的两个平面间进行法矢方向传播，将 n_i 和 n_j 的点积调整为大于零，显然是错误的。鉴于以上分析，法矢方向传播除应当在邻近切平面间进行以外，还应当保证当切平面 $P(x_i)$ 的法矢方向传播，将 n_i 和 n_j 的点积调整为大于零，显然是错误的。因此，法矢方向传播除应当在邻近切平面间进行以外，还应当保证当切平面 $P(x_i)$ 的法矢方向确定以后，下一个等待调整法矢方向的切平面是 $P(x_i)$ 邻近的未调整法矢方向的切平面中与 $P(x_i)$ 最平行的一个切平面，如图 5.26 所示。

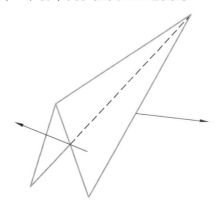

图 5.26　统一微切平面法矢方向

3. 三角网格面的生成

1）步进立方体算法有向距离场函数的定义

到目前为止，待重建曲面 M 仍是未知的，而仅得到了 M 在一系列离散点 $X = \{X_1, X_2, \cdots, X_n\}$ 处的切平面 $\{P_1, P_2, \cdots, P_n\}$。其中，$P_i$ 由 X_i 和经过方向调整的法矢 n_i 确定。将切平面作为待重建曲面 M 的局部线性逼近，可构造空间一点 p 到 M 的有符号距离函数 $f(p)$。计算可分为两步进行：

（1）首先找出距 p 点最近的 X_i 点的切平面 P_i。

（2）求出 p 到 P_i 的有向距离 $f(p)$，并以此距离作为点 p 到曲面模型 M 的距离。

点 p 到 P_i 的有向距离 $f(p)$ 为

$$f(p) = (p - X_i) \cdot n$$

这样建立了空间点到待重建曲面 M 间的有向距离场函数 $f(p)$，利用体数据场等值面抽取的步进立方体（MC）算法，输出由众多小三角平面片组成的 M 的分片线性逼近曲面。

2）MC 算法

MC（Marching Cube）步进立方体算法是三维体数据场等值面生成的经典算法。该算法由 W.E. Lorensen 和 H.E. Cline 于 1987 年首次提出，最初用于根据医学图像 f 的三维曲面构造，在科学计算可视化等领域也得到了广泛应用。以 MC 算法为基本思想，学者们又提出了多种改进算法。

MC 算法（见图 5.27）的基本思想是以一种分治策略计算体数据场中每一个小立方体中的等值面。小立方体在数据场中以扫描线方式移动，故称为步进立方体。当步进立方体移动到某一位置时，求该立方体的每个顶点在给定的体数据场中的值。

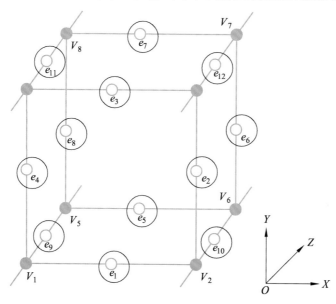

$$\text{Index} = \boxed{V_8\ |\ V_7\ |\ V_6\ |\ V_5\ |\ V_4\ |\ V_3\ |\ V_2\ |\ V_1}$$

图 5.27　MC 算法

如果一个顶点相应的值大于或等于要抽取的等值面的值，则将该顶点状态标记为 1，否则标记为 0。如果步进立方体某条边上的两个顶点的状态标记不同，则表明这两个顶点分别在等值面的两侧，该条边与等值面一定有交点。通过对这两个顶点值的线性插值，即可求出等值面与该边的交点。如果步进立方体某条边上的两个顶点的状态标记相同，则表明这两个顶点在等值面的同一侧，该条边与等值面没有交点。求出步进立方体每条边与等值面相交的情况，便可以用三角平面片近似表示所求等值面在该位置的立方体内的形状。立方体不断移动，即可得到体数据场的一个完整的等值面。

由于每个立方体有 8 个顶点，每个顶点有"0"和"1"两种状态，因此等值面与立方体的相交方式共有 $2^8 = 256$ 种。每一种相交方式对应一个 8 位二进制索引值。

通过该索引值即可得到等值面在立方体内的三角平面片逼近表示方式。列出全部 256 种相交方式的三角平面片表示，从而完成整个等值面的三角网格面表示是可行的，但这样相当烦琐且容易出错。由分析可知，有以下两种对称性可用于减少相交方式：

（1）顶点状态互补性（见图 5.28）。

利用顶点状态的互补性，可使 256 种相交方式转化为 128 种。如果将步进立方体的每一个顶点状态取反（有实心圆标记的顶点表示状态为 1，没有实心圆标记的表示状态为 0，以下同），等值三角平面片的拓扑结构不变。因此这两种相交方式可归并为一种。

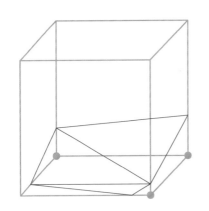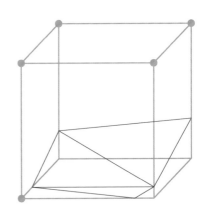

图 5.28　顶点状态互补性

（2）旋转对称性（见图 5.29）。

经过适当旋转，有许多状态是一致的，这些相交方式也可归并为一种。利用以上两种对称性可将 256 种情况减少到 15 种。

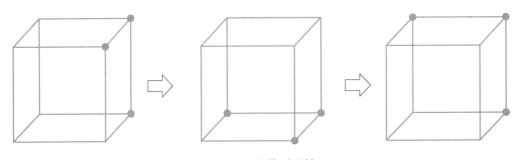

图 5.29　旋转对称性

5.3.3   点云数据配准

点云数据配准，也称点云数据拼接。由于不同架次扫描的点云数据，需要架设多个基站，每个基站点均会有其不同的坐标系，会有一定位置上的偏差，要把所有的杆塔模型放到同一三维场景里，必须要进行配准操作。

点云拼接方法主要分为标靶拼接、点云直接拼接以及控制点拼接。

（1）标靶拼接是最简便的拼接方法，在数据扫描时两站点之间的公共区域内放置至少三个标靶，在扫描物体对象的同时扫描标靶点云数据，依次扫描完所有站点，最后利用不同站点相同的标靶数据进行点云配准。值得注意的是，每个标靶必须对应唯一的标靶号，同一标靶在不同测站中的标靶号也必须一致才能正确完成各站点云数据配准。

（2）利用点云直接拼接要求在扫描物体对象的两个站之间要有一定的重叠度，一般要大于 30%且要有较为明显的特征点，扫描完成后寻找重叠区域的同名点进行点云拼接。此方法中，重叠区域特征点的确定直接关系到配准结果的好坏，所以要求重叠部分要清晰，且要有较多的特征点与特征线。

（3）控制点拼接是将三维激光扫描仪与定位系统结合使用。首先确定公共区域的控制点，激光点云扫描的同时扫描控制点，用定位技术确定控制点的坐标，再以控制点为基准对点云数据进行配准。此方法的优点为配准结果精度高，缺点为过程相对复杂。

5.3.4   杆塔模型构建

目前，点云数据处理及建模软件有很多，如 Geomagic、Polyworks、Imageware、AutoCAD、3DMAX 等。不同的软件都有其适用性，如 Imageware、Polyworks 具有强大的点云数据预处理功能，适用于曲面建模以及较复杂实体建模；而 AutoCAD、3DMAX 等软件则更适用于较规则物体建模。3DMAX 2017 中所带插件 Autodesk Recap 能识别大部分点云格式，这也为 3DMAX 建模提供了良好的条件。

首先采用 Imageware 对点云数据预处理，再利用 3DMAX 对处理后的数据模型重建。点云三维建模预处理步骤如下：

（1）导出的杆塔点云数据，格式为.LAS 文件类型；

（2）检查点云质量，如果密度过大，要进行抽稀；

（3）对点云数据去噪。为了提高后期处理的效率，在此先对点云进行简化处理，以尽可能剔除其非关键信息点而保留了其关键信息点。

点云数据预处理完毕后利用 3DMAX 对点云数据建模，首先将点云数据导入 3DMAX 软件中，然后将点云捕捉器打开，以点云数据为模板创建几何体，利用传统 3DMAX 建模技术即可。3DMAX 建模速度快、精度高。如图 5.30 所示为杆塔模型效果图。

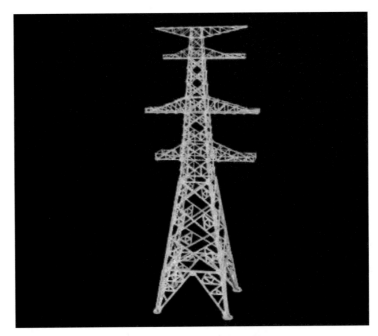

图 5.30　杆塔模型效果图

模型精细程度的不同也直接影响工期长短，因此，将模型按照面数及细节表现程度分为 4 个等级，以满足不同生产需要。

同时在模型显示上，尤其针对场景较大较复杂的情况，为保证系统运行显示流畅，也可采用模型分层显示的方式。在浏览整个场景时，可显示精度稍低的一级或者二级模型，随着观察距离的拉近，系统自动将低精度模型替换为三级模型，当近距离细致观察某个设备时，系统又将设备模型替换为最精细的四级模型，这样可有效提高系统的加载运行速度。

1. 一级模型

依据获取的点云数据，模型能够反映设施、杆塔的主要结构，精确还原设施的空间位置及形态现状，模型细节使用真实影像表现。此种方式模型生成速度快且空间信息真实，其样例如图 5.31 所示。

图 5.31 一级模型样例

2. 二级模型

依据获取的点云数据，模型能够反映设施、杆塔的主要结构，精确还原设施的空间位置及形态现状，模型细节使用真实影像表现。此种方式模型生成速度快、细节有所增加且空间信息真实，其样例如图 5.32 所示。

图 5.32 二级模型样例

3. 三级模型

依据获取的点云数据，模型能够反映设施、杆塔的主要结构及钢架结构，精确还原设施的空间位置及形态现状，设施及杆塔细节使用近似模型表示，模型细节较多，其样例如图 5.33 所示。

图 5.33　三级模型样例

4. 四级模型

依据获取的点云数据，对设施及杆塔主体、细节进行真实逆向还原，真实还原度最高，速度相对较慢，其样例如图 5.34 所示。

图 5.34　四级模型样例

为了便于系统加载和绘制，从点云数据中提取电力线点云，并拟合成悬链线，连同其绝对位置坐标保存到数据库，同时关联该线的属性信息（如电压等级、线路名称、杆塔区间、导线型号等信息），并根据线路属性用不同颜色绘制该电力线，其导线连接模型如图 5.35 所示。

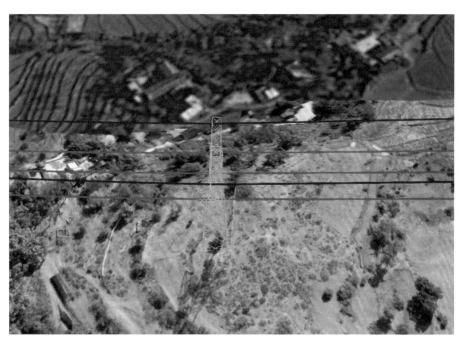

图 5.35 导线连接模型

为保障点云模型库的深入化应用，按三维模型交付方式，提交三维模型库一套。三维模型展示如图 5.36 ~ 图 5.39 所示。

图 5.36 云南典型杆塔模型库

图 5.37　云南典型直线杆模型 1

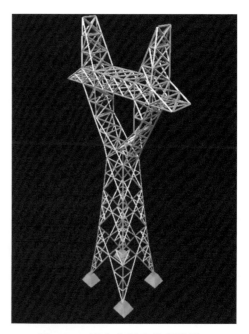

图 5.38　云南典型直线杆模型 2

图 5.39　云南典型耐张杆模型 1

5.4 输电通道全景可视化分析展示

三维可视化部分由原始的地形、地貌、网架三个类型的数据源进行加工处理、存储和传输，最终在浏览器上展示，如图 5.40 所示。

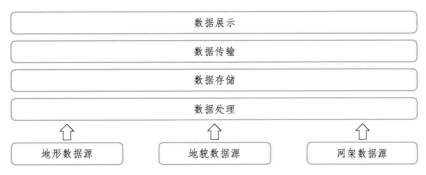

图 5.40 三维可视化展示架构

5.4.1 数据源

1. 地形数据源

地形数据按精度分为三个类型：

（1）低精度：全球范围的地形数据，此部分采用开源数据。

（2）中精度：省级范围的地形数据，此部分采用测绘局提供的数据。

（3）高精度：沿架空线一定范围内的地形数据，此部分采用点云数据。

低精度的开源地形数据可直接通过互联网取得，可直接使用（RELC 格式瓦片）。各层级对应的比例尺如表 5.1 所示。

表 5.1 各级比例尺

层级	比例尺
0	591 657 527.591 555 00
1	295 828 763.795 777 50
2	147 914 381.897 888 75

续表

层级	比例尺
3	73 957 190.948 944 37
4	36 978 595.474 472 19
5	18 489 297.737 236 09
6	9 244 648.868 618 05
7	4 622 324.434 309 02
8	2 311 162.217 154 51
9	1 155 581.108 577 26
10	577 790.554 288 63
11	288 895.277 144 31
12	144 447.638 572 16
13	72 223.819 286 08
14	36 111.909 643 04
15	18 055.954 821 52
16	9 027.977 410 76

中精度数据源为 TIFF 格式，高精度数据源为 LAS 1.2 版本格式，后者需要进一步处理生成 TIFF 格式。

2. 地貌数据源

地貌数据按精度分为三个类型：

（1）低精度：全球范围的地貌数据，此部分采用开源数据。

（2）中精度：省级范围的地貌数据，此部分采用测绘局提供的数据。

（3）高精度：沿架空线一定范围内的地貌数据。

低精度的地貌数据同低精度的地形数据一样可直接使用（png 格式瓦片），各层级对应比例尺也相同。中精度地貌数据为 TIFF 格式，高精度地貌数据采用沿线采集的影像数据进一步处理成 TIFF 格式。

3. 网架数据源

此部分采用 GIS 系统台账数据进一步加工生成，主要包括变电站、架空线、输电杆塔、包含关系 4 个表，存储于 ORACLE 数据库中。

变电站台账数据表关键字段如表 5.2 所示。

表 5.2　变电站台账数据表关键字段

字段名称	类　　型	备　注
LOCATION_ID	varchar	功能位置 ID
DEV_NAME	varchar	变电站名称
SHAPE	GEOMTRY	地理坐标

杆塔台账数据表关键字段如表 5.3 所示。

表 5.3　杆塔台账数据表关键字段

字段名称	类　　型	备　注
LOCATION_ID	varchar	功能位置 ID
PRE_LOCATION_ID	varchar	前一级杆塔功能位置 ID
DEV_NAME	varchar	杆塔名称
SHAPE	GEOMTRY	地理坐标
MODEL	varchar	杆塔型号

架空线台账数据表关键字段如表 5.4 所示。

表 5.4　架空线台账数据表关键字段

字段名称	类　　型	备　注
LOCATION_ID	varchar	功能位置 ID
BRANCH_ID	varchar	所属线路

包含关系表关键字段如表 5.5 所示。

表 5.5　包含关系表关键字段

字段名称	类　　型	备　注
LOCATION_ID	varchar	功能位置 ID
CONTAIN_ID	varchar	所包含的功能位置 ID

5.4.2　数据的处理与存储

目前在 WEB 环境中，为提高浏览器中地图渲染效率，数据通常以瓦片的方式存储于服务器，浏览器端根据地图中的各个图层所配置的层级比例尺信息，按规则生成瓦片的层级编号、行号、列号，作为参数向服务器请求数据，最终展现给用户。

三维地图采用影像图层组作为地图背景，结合地形图层，实现地貌图层组根据实际地貌高低起伏的效果。如果地形和地貌图层使用相同的层级比例尺配置信息，显然有利于简化程序处理逻辑。

为了直接使用开源地形和地貌数据，中精度及高精度的地形地貌使用与之相同的层级比例尺信息配置，最终形成 RELC 格式地形和 PNG 格式地貌瓦片数据。

1. 地形数据处理

低精度数据不需要处理。

中精度数据由原始的 TIFF 格式文件切片转化为 RELC 格式。

高精度数据由点云数据进行分类，提取地表类型的点、曲面重建，并生成 TIFF 格式文件后再进一步处理。

地形数据处理流程如图 5.41 所示。

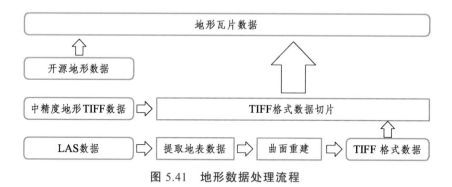

图 5.41　地形数据处理流程

2. 地貌数据处理

低精度数据不需要处理。

中精度数据由原始的 TIFF 格式文件切片转为 PNG 格式。

高精度数据由沿线路采集的影像数据加工生成 TIFF 格式文件，最终切片转为 PNG 格式。

地貌数据处理流程如图 5.42 所示。

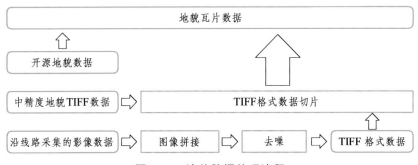

图 5.42　地貌数据处理流程

3. 网架数据处理

网架数据预处理如下：

原始的 GIS 台账中变电站、杆塔坐标数据中有经纬度数据，为了在三维地图上展示网架，需要高程信息，此信息从高程数据中提取经纬度对应的高程值得到。杆塔和杆塔之间存在前后级关系，架空线和杆塔之间存在包含关系，由此架空线两端的地理坐标可间接得到。再结合电网设计图纸信息、物理规律，最终可得到架空线的空间坐标信息。

网架数据预处理流程如图 5.43 所示。

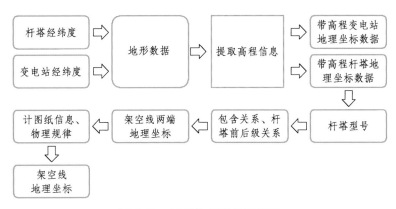

图 5.43　网架数据预处理流程

经过预处理，得到了杆塔、变电站、架空线的基础信息，在三维地图上使用对应的模型进行展示。为了实现快速渲染、提高用户体验、统一使用切片技术，在服务器端预先生成三维场景数据和切片。为此设计的场景切片文件格式需具有以下特点：

（1）对 Web 环境友好：传输方便，可在浏览器端快速解码，可按需请求资源。

（2）可扩展：可持续扩展，以便支持新的数据类型。

（3）支持多图层。

（4）遵循 REST API 规范。

（5）多细节层次（Levels of Detail，LOD）。

5.4.3　数据文件

一份完整的数据包含元数据、图层、矢量瓦片、地图要素、符号等内容，以下为信息内容。

（1）该格式的场景数据包含的元数据通过 MetaInfo 类实现，该类型包含如表 5.6 所示的属性。

表 5.6　MetaInfo 类

名　　称	数据类型	描　　述
Name	String	名称
Descriptions	String	描述信息
Layers	Array[0...n]	包含的图层列表
Vesion	String	版本号

通过以上属性可初步获得该文件包含的场景数据信息，版本号标识当前格式的版本，Layers 属性为包含的图层 ID 号数组，通过该值可进一步获取对应图层的信息。

（2）场景包含的图层通过 Layer 类实现，包含如表 5.7 所示的属性。

表 5.7　Layer 类

名　　称	数据类型	描　　述
Layerid	int	图层编号
LayerName	String	图层名称
LayerInfo	String	对图层进行描述
Maxscale	double	最大比例尺
Minscale	double	最小比例尺

续表

名　称	数据类型	描　述
Vesion	String	版本号
TileSize	int	切片尺寸
CRS	String	坐标系
Basescale	double	基准比例尺
xmin	double	边界
xmax	double	边界
ymin	double	边界
ymax	double	边界
DPI	int	基准 DPI

通过以上属性可获得图层的基本信息，其中最大、最小比例尺信息用于控制图层展示的比例尺范围；x_{min}、y_{min}、x_{max}、y_{max} 描述图层在场景中的矩形边界；CRS 表示边界坐标采用的坐标系；TileSize 表示图层瓦片的大小，为一个正方形区域，单位为像素；DPI 表示分辨率。栅格瓦片是在地图中最常用的一种瓦片格式，通过切换层级加载不同的瓦片来实现 LOD，而本书中描述的数据格式使用矢量瓦片。矢量瓦片具有如下特点：地图缩放时在客户端实时绘制，不会随地图的缩放而失真，在不同比例尺下均可使用同一张瓦片。因此，本书描述的数据格式图层只有一个层级，结合上述图层的属性可计算出各个瓦片的行和列号。瓦片通过以 Tile 类实现。

（3）Tile 类包含如表 5.8 所示的信息。

表 5.8　Tile 类

名　称	数据类型	描　述
count	int	瓦片包含的要素总数
features	集合	瓦片包含的所有要素

瓦片在本节中描述的数据格式的主要作用是快速获取当前地图所需要绘制的要素集合。根据当前地图边界信息调用 WFS 服务获取要素的一个缺点是：服务器端需要动态地生成要素集合。而矢量瓦片由于确定了边界，可实现预生成和缓存，从而大幅度降低对服务器的性能要求。

（4）要素通过 Feature 类实现，包含如表 5.9 所示的信息。

表 5.9　Feature 类

名　　称	类　型	描　　述
properties	键值对表	通过键值对描述要素
geometry	Geometry	几何信息
id	整数	要素 ID
lod	LOD 数组	LOD 数组

Properties 属性值为键值对表，包含了要素的一系列信息；lod 属性描述了要素在不同比例尺下绘制时所需要的信息；geometry 属性描述了要素的地理空间信息。

（5）LOD 类包含如表 5.10 所示的信息。

LOD 技术在地图绘制中起到至关重要的作用，通常 LOD 切换分两种：一种是在不同比例尺下绘制不同的要素，如 CITYGML 格式将要素进行划分，要素之间存在父子关系；另一种是对同一要素使用高低模绘制。前一种方式可通过控制不同图层的比例尺范围实现。同一个要素可根据 LOD 列表，在不同比例尺范围下使用不同的模型绘制。

表 5.10　LOD 类

方法名称	返回类型	描　　述
gettype	枚举	点、线或面
getPositions	数组	顶点坐标数据
getNormals	数组	顶点法向量坐标数据
getUV	数组	材质坐标数据
getGroups	数组	返回材质资源列表，以及对应的坐标索引边界

（6）绘制要素需要的符号通过 Symbol 类实现，该类包含如表 5.11 所示的信息。

表 5.11　Symbol 类

方法名称	返回类型	描　述
gettype	枚举	点、线或面
getPositions	数组	顶点坐标数据
getNormals	数组	顶点法向量坐标数据
getUV	数组	材质坐标数据
getGroups	数组	返回材质资源列表，以及对应的坐标索引边界

（6）绘制要素需要的符号材料资源、材质参数由 Group 类实现，该类型包含如表 5.12 所示的信息。

表 5.12　Group 类

名　称	类　型	描　述
id	int	材质 ID
fromindex	int	坐标索引起始站
toindex	int	坐标索引末尾值

三维场景中需要的数据类型多种多样，为了具有高扩展性，符号通过接口描述，符号数据通过 Javascript 函数统一获取。在 Web 浏览器端只要实现了对应的接口，便可以支持新的数据类型。在电力 GIS 系统中，要素的几何类型主要分为点和线两种，杆塔、断路器、变电站等设备的位置信息通过中心点所在的经纬度、高程描述。架空线、电力电缆、电器连接线的位置信息通过折线坐标描述。对于不同的要素类型，可有不同的实现方式：

① 直接模式：通过直接方式存储顶点的坐标。该方式适合复杂要素，如杆塔、开关等，数据可通过建模软件制作的模型转换生成。

② 间接模式：通过公式描述如贝塞尔曲线公式，引用此类型符号的要素通过调用函数，从而间接动态生成顶点数据。该方法适合顶点坐标规律性较强的要素，比如架空线，可根据其物理特性、环境因素生成顶点信息。

两种模式均可使用上述接口。

以上各类的关系如图 5.44 所示。

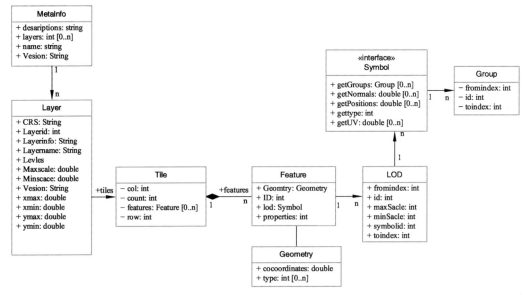

图 5.44 各类的关系图

5.4.4 数据展示

三维地图采用影像图层组作为地图背景，结合 DEM 图层，实现影像图层组根据实际地貌高低起伏的效果。

三维地图由二维地图进一步添加地形的效果如表 5.13 所示。

表 5.13 添加地形效果

数据类型	效 果
卫星影像图层组	

续表

数据类型	效 果
DEM 地形图层	
DEM 地形图层＋卫星影像图层组	

1. 数据组成

地形数据在世界采用全球范围的 DEM 图层，进一步叠加高精度 DEM 图层。

地貌数据采用全球范围的卫星影像图层，进一步叠加高精度卫星影像图层。

同一区域地形与地貌图层在不同比例尺下使用不同精度的数据，比例尺越大，使用的数据精度越高。效果如表 5.14 所示。

表 5.14　各比例尺效果

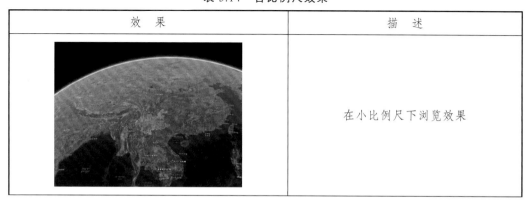

效 果	描 述
	在小比例尺下浏览效果

续表

效　　果	描　　述
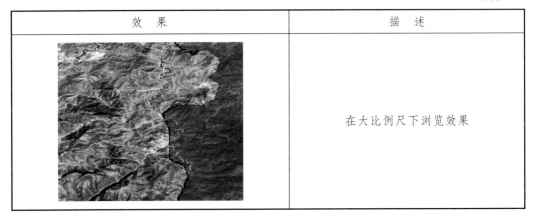	在大比例尺下浏览效果

2. 三维变电站图层

在地图上每一个变电站使用一个三维符号展示，该符号由建模软件制作的模型转换形成，包含了顶点坐标、材质等信息。其示例效果如图 5.45 所示。

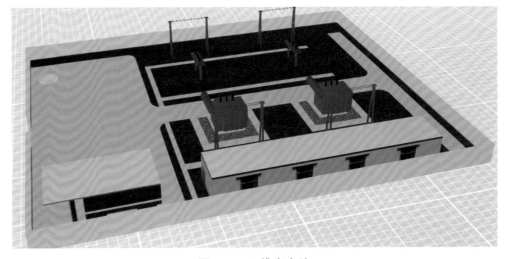

图 5.45　三维变电站

3. 三维杆塔图层

输电杆塔图层使用三维符号展示，该符号由建模软件制作的模型转换而成，包含了顶点坐标、材质等信息。为了实现更加逼真的效果，每个杆塔符号根据与之连接的架空线信息设置旋转角，如表 5.15 所示。

表 5.15 三维杆塔效果

序号	名称	示例效果
1	直线塔	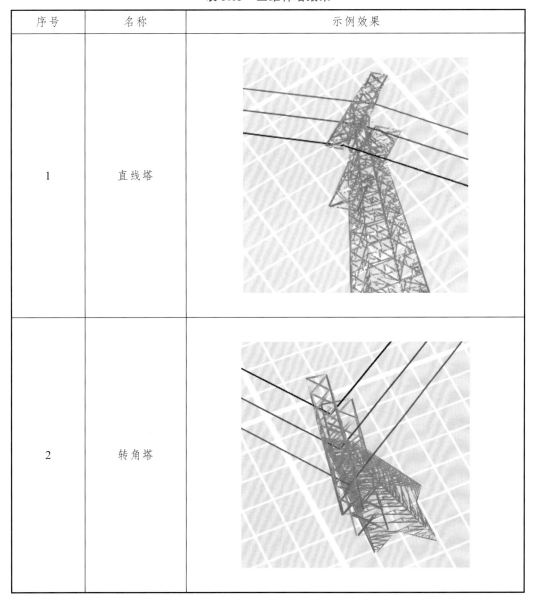
2	转角塔	

4. 三维架空线图层

输电架空线图层上使用的三维符号根据架空线两端连接的杆塔、杆塔所在的地理位置等信息生成。为了形成鲜明的对比效果，根据不同的相别配色，如表 5.16 所示。

表 5.16　三维架空线图层

相别	颜色	符号片段
A 相	■ #FFFF00	
B 相	■ #00FF00	
C 相	■ #FF0000	

弧垂效果	
位置	示例效果
杆塔附近	
最低点	

续表

位　置	示例效果
整　体	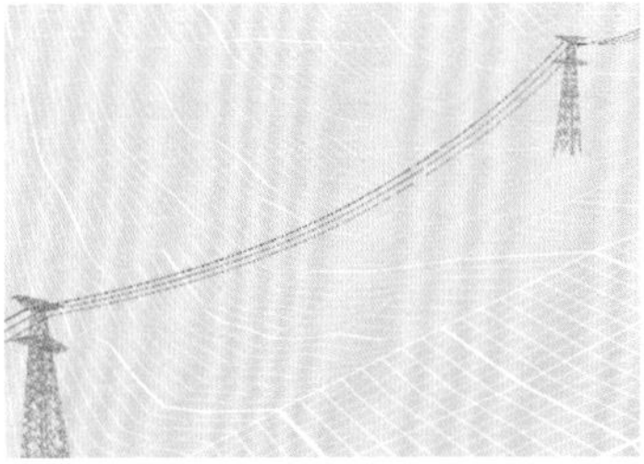

5.5　切片图层服务技术

　　所谓切片图层，是指按指定的原点、范围、切片大小、层级信息等参数，将地图划分为大小一致的小块切片。当用户需要展现某个范围内的地图时，计算出该区域覆盖了哪些切片，取出这些切片后，要么在服务端渲染成图片后返回给客户端展现，要么直接返回切片中包含的要素并在客户端渲染和展现。

　　由于切片图层的切片的请求参数固定（默认仅有层级、行、列 3 个参数），十分有利于对切片进行缓存，从而大幅减少服务端资源消耗；客户端展现的区域被分割为多个切片，也十分有利于将系统应用于分布式环境中。根据渲染时机的不同，将切片图层划分为 WMS 切片图层（在服务端渲染）和 WFS 切片图层（在客户端渲染）。

5.5.1　切片图层服务总体设计

1. 整体架构

　　切片图层服务由 3 个模块组成：切片服务器集群、切片缓存集群和任务分发服务器，如图 5.46 所示。

　　客户端根据地图信息，向任务分发服务器发起获取切片的请求，任务分发服务器先查询切片缓存集群中是否有此切片，若不存在此切片或切片已过期，则使用合适的负载均衡算法，向切片服务集群请求切片。

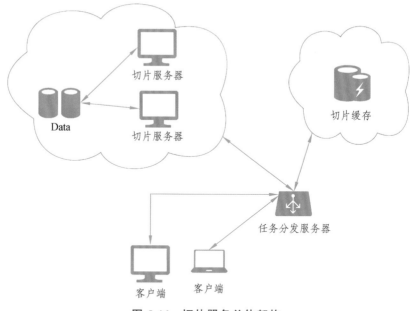

图 5.46　切片服务总体架构

2. 切片服务器集群

切片服务器集群由若干台装有 geoserver 的服务器组成,按照具体的地图服务特点,将 shp 文件、卫星影像图、数据库表等数据配置为数据源,以提供切片服务。

geoserver 自身支持对数据源中得到的数据进行缓存。

3. 切片缓存集群

切片缓存集群基于 hbase 或文件系统搭建,以键值对的形式存储切片缓存,键值对的 key 由切片图层名、级别、行列号、过滤条件等参数生成,value 为切片序列化得到的 byte 数组。

4. 任务分发服务器

如图 5.47 所示为任务分发服务器的简要工作时序。

1）初始化

任务分发服务器初始化时,从配置文件和配置信息表中读取图层信息,包括:

（1）切片基本信息:切图原点、全图范围、切片大小等,用以计算切片范围等。

（2）切片缓存规则:按照图层各自的特点,基于性能、实时性等指标为各图层配置的缓存规则,如缓存方式、缓存区域和层级等。

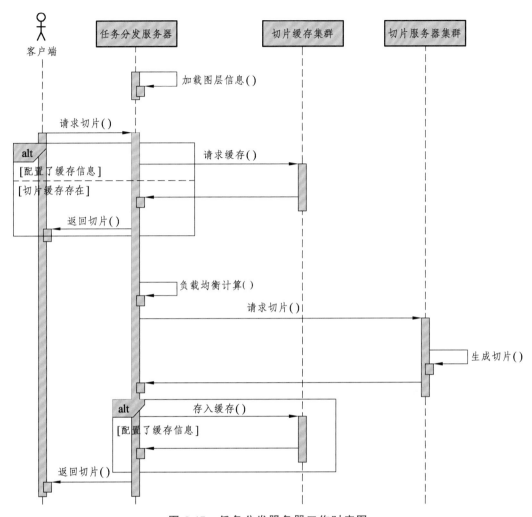

图 5.47　任务分发服务器工作时序图

2）接收切片请求

当接到客户端的切片请求后，任务分发服务器计算并检查此切片是否配置了缓存信息，若有，则进行步骤 3），否则跳至步骤 4）。

3）请求缓存信息

任务分发服务器按指定规则，将切片请求信息转换为 key，发送给缓存集群请求缓存，若缓存为空，则进行步骤 4），否则直接将切片返回给客户端，完成此次切片请求服务。

4）负载均衡计算

任务分发服务器按指定的负载均衡算法，指定切片服务集群中的一台服务器进行切片服务。

按照图层的特征及集群性能，负载均衡算法从以下两种方式中选择：

（1）最少连接数：选择连接数最少的服务器，以保证服务器负载基本一致。

（2）切片一致性：根据切片的级别和行列号计算需要发送给哪台服务器，使得相同位置的切片总是落在同一台服务器上，以充分利用 geoserver 数据源级别的缓存。

5）请求生成切片及后续处理

任务分发服务器向步骤 4）得到的切片服务器发送请求，并得到新生成的切片。

若此切片对应有缓存配置信息，则将切片存入缓存服务集群，并将切片返回给客户端，否则直接返回客户端。

5.5.2 WMS 切片图层设计及应用

WMS 切片图层将在服务端将数据渲染为图片，并返回给客户端进行展现。因此，WMS 切片图层具有易于展现、客户端性能高等优势，但由于返回的内容是图片，使得图层的交互性和实时性较差，且传输数据量较大。

1. 矢量地图切片图层

矢量地图切片应用于二维 GIS 的底层地图展现。矢量地图切片，是指事先将一幅矢量地图（多个 Shapefile 格式的文件）在服务器端渲染好，切成多个大小一致的小块，调用时只有将需要的部分发送过去，节省带宽的同时，还节省了服务器端实时渲染地图的时间和服务器资源。

1）空间信息存储

矢量地图切片图层以 Shapefile 格式的文件作为数据源。

Shapefile 是一种较为原始的矢量数据存储方式，它仅能存储几何体的位置数据，而无法在一个文件之中同时存储这些几何体的属性数据。因此，Shapefile 还必须附带一个二维表用于存储 Shapefile 中每个几何体的属性信息。Shapefile 中许多几何体能够代表复杂的地理事物，并为其提供强大而精确的计算能力。

Shapefile 文件是指一种文件存储的方法，实际上该种文件格式由多个文件组成。

其中，要组成一个 Shapefile，有三个文件是必不可少的，分别是".shp"".shx"与".dbf"文件。表示同一数据的一组文件，其文件名前缀应该相同。

而其中"真正"的 Shapefile 的后缀为 shp，然而仅有这个文件数据是不完整的，必须把其他两个附带上才能构成一组完整的地理数据。除了这三个必需的文件以外，还有 8 个可选的文件，使用它们可增强空间数据的表达能力。所有的文件名都必须遵循 MS DOS 的 8.3 文件名标准（文件前缀名 8 个字符，后缀名 3 个字符，如 shapefil.shp），以方便与一些老的应用程序保持兼容性（尽管现在许多新的程序均能够支持长文件名），此外，所有文件均必须位于同一个目录之中。

geoserver 支持以 Shapefile 文件作为数据源，配置好 Shapefile 数据源后即可直接使用。

2）矢量地图切片图层特性

矢量地图切片图层特性如表 5.17 所示。

表 5.17　矢量地图切片图层特性

实时性	低
数据量	视实际矢量图而定
硬盘消耗	高
内存占用	高
CPU 占用	中

3）服务设计与配置

由矢量地图切片图层特性可知，生成切片将消耗较多的资源，且切片图层的实时性要求不高，故可通过对设置缓存减少大幅切片服务器的工作量。

任务分发方面，geoserver 处理 shp 型的图层时，会构建一个四叉树索引，将查询过的数据放到四叉树的节点作为缓存，故使用切片一致性的负载均衡策略，可充分利用 geoserver 中的四叉树索引，使得相同的四叉树节点尽量分布在同一台机器上，减少内存消耗，增加缓存命中率。

部分区域的数据量较为密集，导致出图性能较低，可将这部分区域配置为使用 gwc 缓存。如表 5.18 所示为 gwc 缓存配置表结构。

表 5.18　gwc 缓存配置表

字段名	类型	说明
id	int	ID 号
minx	int	使用 gwc 的最小 x 坐标
miny	int	使用 gwc 的最小 y 坐标
maxx	int	使用 gwc 的最大 x 坐标
maxy	int	使用 gwc 的最大 y 坐标
layerName	varchar	图层名
level	int	使用 gwc 的级别

2. 卫星影像切片图层

卫星影像切片应用于二维 GIS 和三维 GIS 的底层地图展现。卫星影像切片（见图 5.48）和矢量地图切片原理相同：事先将一幅经过拼接的卫星影像在服务器端渲染完成，切成许多大小一致的小块，调用时发送客户端请求区域的部分。

图 5.48　卫星影像图层服务

1）空间信息存储

卫星影像切片图层以 GeoTIFF 格式的文件作为数据源。

TIFF（Tag Image File Format）图像文件是图形图像处理中常用的格式之一，其图像格式较复杂，但由于它对图像信息的存放灵活多变，可支持很多色彩系统，且独立于操作系统，因此得到了广泛应用。

在各种地理信息系统、摄影测量与遥感等应用中，要求图像具有地理编码信息，例如图像所在的坐标系、比例尺、图像上点的坐标、经纬度、长度单位及角度单位等。对于存储和读取这些信息，纯 TIFF 格式的图像文件是很难做到的，而 GeoTIFF 作为 TIFF 的一种扩展，在 TIFF 的基础上定义了一些 GeoTag（地理标签），对各种坐标系、椭球基准、投影信息等进行定义和存储，使图像数据和地理数据存储在同一图像文件中，这样可为广大用户制作和使用带有地理信息的图像提供更加便捷的途径。

GeoTIFF 格式遵循 TIFF 规则，分为以下 6 部分：

（1）$2 + 2 + 4 = 8$ 字节的头。

（2）$2 + 12 \times n + 4$ 的 IFD 图像文件目录。

（3）填充字节（无意义）。

（4）图像真文［开头位置由（2）部分中的 $12 \times n$ 文件目录指定对应条目］。

（5）对称（3）部分。

（6）对称（2）部分描述文件结束。

geoserver 支持以 GeoTIFF 格式的文件作为数据源，完成配置 GeoTIFF 数据源后，即可直接使用，若文件数量较多，也可直接将文件夹发布为镶嵌数据格式的数据源。

2）卫星影像切片图层特性

卫星影像切片图层特性如表 5.19 所示。

表 5.19　卫星影像切片图层特性

实时性	低
数据量	大
硬盘消耗	高
内存占用	低层级时很高
CPU 占用	低

在低层级时，一个切片会覆盖数个 TIFF 文件，导致很高的内存占用，甚至导致请求无法完成。

3）服务设计与配置

卫星影像切片图层的性质与矢量地图切片图层大体相似，但低层级的切片请求几乎无法由 geoserver 完成，故可预先用 arcgis、gdal 等将低层级的切片生成并存入切片换出集群。

另外，高层级的切片数量按几何级数递增（标准的切图配置下，每级增大 4 倍），高层级下的切片硬盘占用量巨大，故将高层级下的切片使用 gwc 缓存，并指定最大硬盘占用量，当超过最大值时，使用最近最少使用原则替换掉部分切片。

负载均衡方面，尚不明确 geoserver 处理 TIFF 的机制，实测以最少连接数算法为佳。

3. 电力设施 WMS 切片图层

与矢量地图切片相同，电力设施 WMS 切片图层事先将一幅经过拼接的电力设施图层在服务器端渲染，根据层级显示控制并切成很多大小一致的小块，调用时发送客户端请求区域的部分，大量节省了服务器端实时渲染的时间，如图 5.49 所示。由于切片属于图片文件，交互性差，适用于无交互性和空间分析的场景。

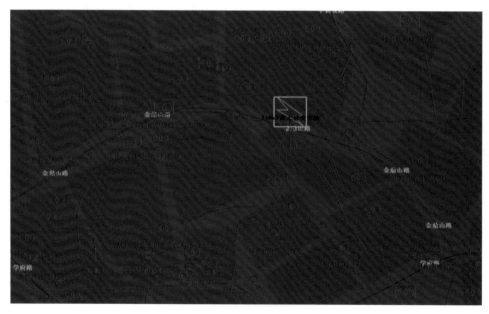

图 5.49　wms 切片图层服务

1）空间信息存储

电力设备的空间信息存储使用标准 Oracle Spatial 对象进行存储，Oracle 存储空间数据是通过 SDO_GEOMETRY 数据类型存储，在这种机制下，Oracle 可实现空间数据和属性数据一体化存储。SDO_GEOMETRY 是基本按照 Open GIS 规范定义的一个对象，其原始的创建方式如下所示：

CREATE TYPE sdo_geometry AS OBJECT（

SDO_GTYPE   NUMBER，

SDO_SRID   NUMBER，

SDO_POINT   SDO_POINT_TYPE，

SDO_ELEM_INFO   MDSYS.SDO_ELEM_INFO_ARRAY，

SDO_ORDINATES   MDSYS.SDO_ORDINATE_ARRAY）；

该对象由 5 部分组成：

（1）SDO_GTYPE。

SDO_GTYPE 是一个 NUMBER 型数值，用于定义存储对象的类型。SDO_GTYPE 是一个 4 个数字的整数，其格式为 dltt。其中 d 表示几何对象的维数；l 表示三维线性参考系统中的线性参考值，当 d 为 3 维或 4 维时需要设置该值，当 d 为 2 的情况下为空；tt 为几何对象的类型，Oracle Spatial 定义了 7 种类型的几何类型，目前，tt 使用了 00 到 07（包括一种用户自定义类型），另外，08 到 99 是 Oracle Spatial 保留的数字，以备将来几何对象扩展使用。

（2）SDO_SRID。

SDO_SRID 也是一个 NUMBER 型的数值，用于标识与几何对象相关的空间坐标参考系。如果 SDO_SRID 为空（null），则表示没有坐标系与该几何对象相关；如果该值不为空，则该值必须为 MDSYS.CS_SRS 表中 SRID 字段的一个值，在创建含有几何对象的表时，这个值必须加入描述空间数据表元数据的 USER_SDO_GEOM_METADATA 视图的 SRID 字段中。Oracle Spatial 规定，一个几何字段中的所有几何对象都必须为相同的 SDO_SRID 值。

（3）SDO_POINT。

SDO_POINT 是一个包含 X、Y、Z 数值信息的对象，用于表示几何类型为点的几何对象。如果 SDO_ELEM_INFO 和 SDO_ORDINATES 数组都为空，则 SDO_POINT 中的 X、Y、Z 为点对象的坐标值，否则，SDO_POINT 的值可忽略（用 NULL 表示）。Oracle Spatial 强烈建议用 SDO_POINT 存储空间实体为点类型空间数据，这样可以极大地优化 Oracle Spatial 存储性能，提高查询效率。

（4）SDO_ELEM_INFO。

SDO_ELEM_INFO 是一个可变长度的数组，每 3 个数作为一个元素单位，用于解释坐标如何存储在 SDO_ORDINATES 数组中。通常把组成一个元素的 3 个数称为 3 元组。一个 3 元组包含以下 3 部分内容：

① Offset 表明每个几何元素的第一个坐标在 SDO_ORDINATES 数组中的存储位置。它的值从 1 开始，逐渐增加。

② ETYPE 表示几何对象中每个组成元素的几何类型，与 SDO_GTYPE 类型中的 T 值相对应。

③ INTERPRETATION 说明几何体所包含的更细微信息。对于一个点来说，INTERPRETATION 是 1；对于线串和多边形来说，如果通过直线连接，则 INTERPRETATION 是 1；如果通过弧连接，则 INTERPRETATION 是 2。对于多边形，可把 INTERPRETATION 设为 3，表示多边形是一个矩形。例如，如果线串通过直线连接，那么 SDO_ELEM_INFO 为（1，2，1）。

（5）SDO_ORDINATES。

SDO_ORDINATES 是一个可变长度的数组，用于存储几何对象的真实坐标。该数组的类型为 NUMBER 型，它的最大长度为 1 048 576。SDO_ORDINATES 必须与 SDO_ELEM_INFO 数组配合使用，才具有实际意义。SDO_ORDINATES 的坐标存储方式由几何对象的维数决定，如果几何对象为三维，则 SDO_ORDINATES 的坐标以 $\{X_1，Y_1，Z_1，X_2，Y_2，Z_2，\cdots\}$ 顺序排列；如果几何对象为二维，则 SDO_ORDINATES 的坐标以 $\{X_1，Y_1，X_2，Y_2，\cdots\}$ 顺序排列。

geoserver 在安装相关插件后即可支持 oracle spatial 作为数据源。

2）电力设施 WMS 切片图层特性

电力设施 WMS 切片图层特性见表 5.20。

表 5.20　电力设施 WMS 切片图层特性

实时性	中
数 据 量	大
硬盘消耗	低
内存占用	低
CPU 占用	中

由于数据查询工作在 oracle 中完成，geoserver 服务器上仅做图片渲染，故服务器资源消耗很低。

3）服务设计与配置

由图层特性可知，电力设施 WMS 切片图层的大部分工作均由数据库端完成，且数据有一定实时性要求（数据每月有 10%以上的变动），故除非在性能较差的机器上部署服务，否则做切片缓存意义不大。

实际运用中发现，若数据表中存在脏数据（如 LineString 型的数据，点的数量少于 2），geoserver 并不会直接报错，而是长时间无法完成任务后提示超时。且 oracle spatial 在数据录入时对数据的检查并不充分，故应在部署服务时，充分检查数据质量，并合理设计数据表/视图，以提高服务性能。

负载均衡方面，由于较少使用缓存，切片一致性算法意义不大，应使用最少连接数算法。

5.5.3　WFS 切片图层设计及应用

WFS 切片图层服务在服务端将数据封装为 json 返回到客户端，在客户端解析数据并按指定的样式渲染和展现。

由于 WFS 图层的渲染工作在客户端完成，故服务端的处理效率相对较高（但当小范围内数据量极大时，将数据封装为 OGC 标准的 json 反而更耗时，且数据冗余极大，这也是将来的改进方向之一），数据信息加载到客户端，方便用户进行点击、着色、分析等操作，图层交互性良好。

下面重点讲述电力设施 WFS 切片图层。

电力设施 WFS 切片图层提供电力设施结构化数据服务，根据层级显示控制并按照固定的长宽把矢量数据切割成多个大小一致的数据块，调用时发送客户端请求区域部分的数据块，缩小服务器端实时渲染的数据量，客户端加载速度明显比 WMS 切片慢，但具有较好的交互性和空间拓扑分析能力，如图 5.50 所示。

1. 空间信息存储

与电力设施 WMS 切片图层一样，电力设施 WFS 切片图层使用 oracle spatial 存储空间信息。

2. 电力设施 WFS 切片图层特性

电力设施 WFS 切片图层特性见表 5.21。

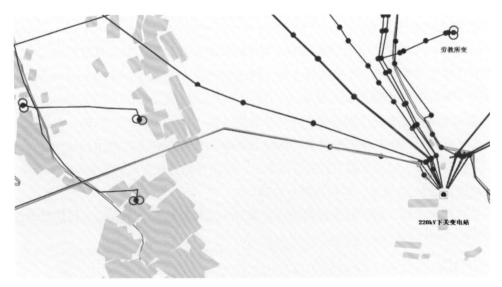

图 5.50　电力设施 WFS 图层用于拓扑分析

表 5.21　电力设施 MFS 切片图层特性

实时性	中
数据量	大
硬盘消耗	低
内存占用	低
CPU 占用	中

　　由于数据查询工作在 oracle 中完成，geoserver 服务器上仅将数据封装为 json，故服务器资源消耗很少。

　　3. 服务设计与配置

　　在服务端，电力设施 WFS 切片图层与电力设施 WMS 切片图层基本相同，只是将渲染图片改成了封装 json。

5.5.4　分类点云的着色展示

　　通过对输电线路三维激光点云数据的处理操作，能够提取出其中隐含的属性以及空间特征信息，也可衍生出构建三维空间模型的其他矢量数据。然而三维点云数据的海量性及其离散性在很大程度上制约着这些操作分析的快速进行。因此，需要对其进行高效组织，并以此建立强大的索引机制，以进一步支持相关操作分析。

为了满足海量三维激光点云数据的加载效率，三维激光点云数据在经过自动化快速分类或精细化分类后，对其横向进行切片，纵向进行分级抽稀，然后按照南网规范分类进行着色渲染显示，如图 5.51 所示。

图 5.51　激光点云数据按照类型着色

5.5.5　输电线路、杆塔三维模型展示

在上述构建的输电线路、杆塔三维模型库的基础上，用户在浏览电力走廊三维场景时，三维模型数据是网络传输的主要数据内容之一，模型的数据结构会直接影响场景的数据量、网络传输方式和客户端的组织调度策略。因此，需要一种占用空间小、传输速度快、可与图形接口良好对接的通用 3D 模型格式。故采用一种专门为 WebGL 接口设计的运行时 3D 资源格式 gIF。其结构如图 5.52 所示，主要分为 4 个部分：

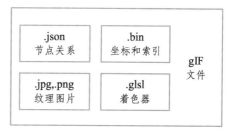

图 5.52　gIF 文件格式

（1）JSON 文件（.json），主要存储模型的节点层次、材质、相机、灯光等参数内容，是整个模型的核心。

（2）二进制文件（.bin），用于存储模型的图形数据，如顶点坐标、纹理坐标、索引以及动画等数据内容。

（3）图像文件（PNG、JPG 等），用于模型的纹理贴图。

（4）着色器文件（.glsl），如图形渲染需要的顶点着色器（vertex shader）和片元着色器（fragment shader）。

使用 gIF 构建三维场景主要有以下几点优势：

（1）合理的数据压缩，使用占用空间小的二进制文件（.bin）和 JSON 文件存储模型数据。

（2）面向 Web 的 3D 模型格式，采用适合 Web 传输且方便 JS 解析的 JSON 格式来存储模型主要信息，同时仅使用 JS 支持的图片格式作为纹理数据（JPG、PNG 等）。

（3）充分渲染优化，模型中包含可被 GL 接口直接应用的 GLSL 着色器，同时使用二进制文件存储图形数据，方便快速创建数据缓冲区。

（4）与 GL 接口的良好对接，模型的属性参数可方便地映射到 GL 接口的函数及函数参数。

虽然 gIF 适用于 Web 可视化，但仍需对其进行合理的组织才能充分发挥其优势。本节采用 KML 文件对 gIF 模型进行高效组织，KML 文件记录了场景中所有模型的 ID、名称、经纬度位置、朝向、缩放比例和模型链接，其中模型链接采用统一资源定位符 URL（Internet 上标准的资源地址）表示，即其在网络服务器上的存储位置。

（1）使用专业的建模软件，以实际采集的点云数据为基础，制作杆塔、线路三维场景，创建完成后以 KML 方式导出。

（2）通过基于 Python 语言编写的批转换程序 Modelconverter.py，将场景中所有的模型转换为 gIF 格式，同样使用 KML 文件组织。

（3）按照 KML 文件的场景数据存储位置描述，将场景数据上传到网络服务器。

1. 场景调度

使用数据缓存机制对上述构建的电力线路三维走廊场景进行高效调度，应用层专门在客户端的外存上建立了一个文件夹，用于存储已下载过一次的模型数据。当客户端再次请求之前的模型时即可直接从本地硬盘中获取数据，而无须重新从服务器下载。这种以空间换时间的策略，减轻了网络压力，节省了部分时间。

在数据调度方面，管理层采取了异步加载策略，摒弃了以前整个场景下载结束后才进行渲染的同步加载技术，采用边下载边渲染的递进式加载策略，使三维场景绘制、数据调度计算和数据请求等操作互不干扰、并行进行，这样可大大缩减用户的等待时间，提高渲染效率。通过轻量级 JS 库 when.js 对数据请求任务进行队列管理，实现异步加载策略。其实现原理为：任务队列中的每个请求任务有三个可能状态：pending、fulfilled 和 rejected。pending 表示任务刚创建，正在等待响应；fulfilled 表示数据下载成功，等待渲染；rejected 表示任务下载失败。当任务状态变更为 fulfilled 或 rejected 时，该数据请求任务都将从队列中移除。其中，状态为 fulfilled 时，管理层会立刻将下载的场景数据放入渲染队列中等待渲染。

2. 场景绘制

使用高效场景调度策略将数据下载到客户端后，本节采取了如图 5.53 所示的视景体剔除（view frustum culling）和遮挡剔除（occlusion culling）两种可见性剔除方法，用以降低场景的复杂程度和图形流水线的负担，从而提高渲染效率。

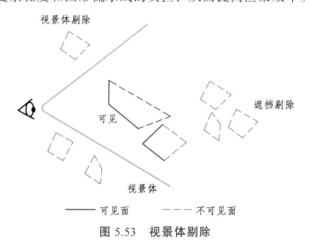

图 5.53　视景体剔除

视景体剔除是为了剔除未在视景体内的数据对象，只将落入视景体空间内的数据对象调入内存。该方法直接依赖于当前系统返回的观察参数。遮挡剔除是对视景体剔除得到的地物集合，根据地物间的遮挡关系做进一步删减，使加载的地物对象范围进一步缩小。由于在观看场景时地物间的遮挡现象较为突出，使得落入视景体的地物中很大一部分在当前的观察位置上实际是不可见的，这些地物的数据便不需要调入内存进行绘制。采用地平线遮挡剔除算法先对当前的视域范围内所有的场景进行点投影生成地平曲线；然后根据该曲线对场景数据进行遮挡判断，在地平线后面且比地平线要低的地物就会被裁减掉；最后将遮挡剔除后的场景数据送入渲染管道进行渲染。

因此，三维场景数据必须经过如图 5.54 所示的流程，才会被场景渲染接口实时获取并绘制。具体步骤如下：

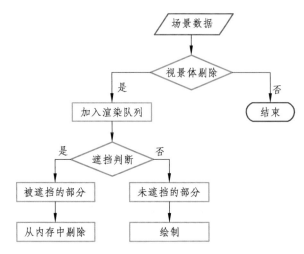

图 5.54　输电走廊三维场景绘制流程

（1）按照上述场景调度的步骤请求场景数据，采用视景体剔除技术只下载当前视野范围内的场景数据并加入渲染队列。

（2）客户端根据当前场景的视点参数，以及地物的几何形状和地物之间的位置关系，对渲染队列中的场景数据进行遮挡剔除。

（3）将被遮挡的模型数据剔除出内存，而剩余可见的数据传到 GPU 渲染管道中。

（4）客户端根据 KML 文件中的参数描述，对场景进行绘制。

输电走廊三维模型展示效果如图 5.55 所示，图中杆塔坐标均是通过点云数据导出的精准坐标，电力线是通过点云数据的实际弧垂进行模拟，并用不同颜色进行区分。

图 5.55　输电走廊三维模型展示效果

第6章 点云数据处理与分析平台优化技术

点云数据的分析与处理涉及海量非结构化数据的实时处理，因此对于处理分析平台，必须解决平台实际应用中的高并发访问、大数据处理、高可靠运行的问题。

6.1 平台内部服务集成与优化

1. 机巡应用内部服务集成

机巡业务系统基于微服务架构进行开发，内部的各微服务应用原则上采用 Java 技术实现，各服务之间的调用采用 Dubbo RPC API 方式实现。

前端服务调用时，Web 应用请求微服务网关，网关的服务发现客户端从服务注册中心寻址，获取服务注册列表，根据路由规则匹配的路径找到对应的业务服务或服务集群调用，并将请求结果返回至具体的 Web 应用，如图 6.1 所示。

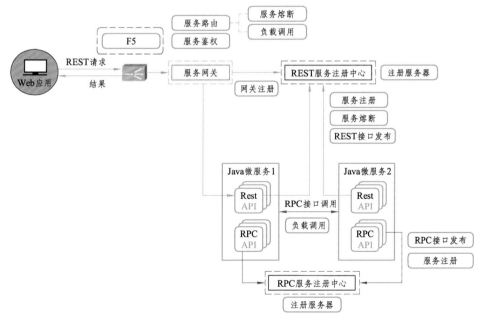

图 6.1　机巡业务系统微服务架构图

2. 机巡应用与内外网交互集成

内网生产区与互联网系统通过内外网数据安全交互平台进行交互支持，分别为：结构化数据交换通道（由应用数据安全交换网关实现）、非结构化数据交换通道（由应用数据安全交换网关实现）、定制协议数据交换通道（由定制协议安全交换网关实现）和高强度数据交换通道（由高强度安全交换网关实现），如图 6.2 所示。

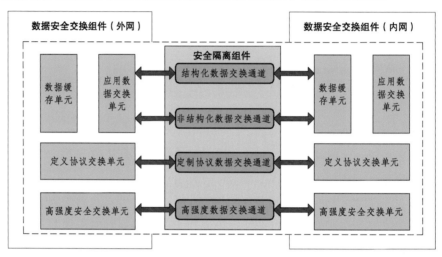

图 6.2　数据交互图

3. 机巡应用与南网内部其他系统集成

机巡业务系统与南网内部其他系统之间，一般采用 SOA 服务集成方式进行集成，具体实现方式为 Web Service。机巡微服务应用与南网内部其他已微服务化的应用系统之间，可采用 HTTP REST API 的形式，通过微服务网关进行交互，如图 6.3 所示。

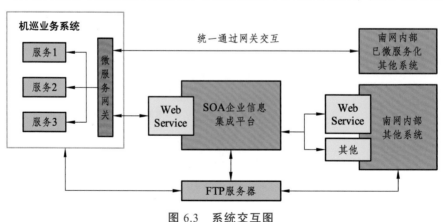

图 6.3　系统交互图

6.2　结构化与非结构化数据海量云存储及加载

随着三维激光扫描系统软硬件的迅速发展，以及扫描目标场景范围的不断增大和复杂度的不断提高，所获取的点云数据也逐渐向海量级别发展，数据量往往达到 TB级。因此，如何高效可靠地组织和处理所获取的海量点云数据就成为三维激光扫描技术中的关键问题。

利用私有云技术将海量的激光点云数据进行存储，同时建立基于云平台和分布式计算架构的巡检海量数据管理分析处理系统，支持点云数据的在线协同处理，对点云数据和分析结果进行统一管理，同时还可根据数据量及应用的需求横向扩充平台处理能力，提高数据信息化管理能力。如图 6.4 和图 6.5 所示为实例部署架构、数据交互模型图。

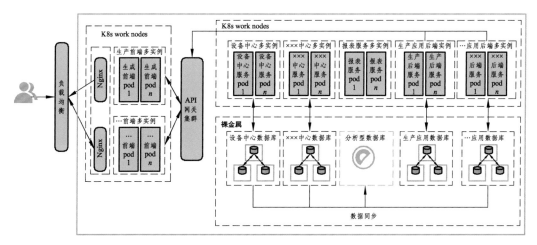

图 6.4　实例部署架构

通过横向协同和纵向协同的方式进行三维激光点云数据分析工作：横向协同是以线路的耐张段为基础处理单位，支持多人员同时对线路的各耐张段进行并行数据处理；纵向协同是遵循数据处理流程，在同一基础数据处理单位内的各个环节支持多人分工协作。通过横向协同和纵向协同，实现了对点云数据的流水线式作业，极大地提高了分析及处理的效率。

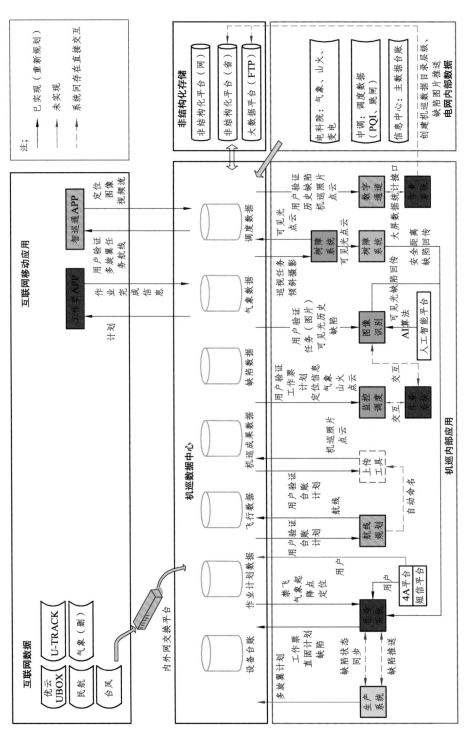

图 6.5　数据交互模型图

6.3 平台与非结构化平台集成优化

数据存储：机巡业务系统调用非结构化数据服务平台的 SDK，将机巡图片、视频、点云等数据存入非结构化服务平台。非结构化数据服务平台将文件属性存入网级平台，文件实体存入网级或省级平台中，并返回文件唯一码给机巡业务系统，如图 6.6 所示。

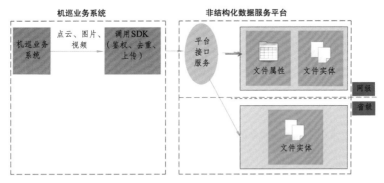

图 6.6 数据存储

数据访问：机巡业务系统通过文件唯一码调用非结构化数据平台的服务，进行文件读取，如图 6.7 所示。机巡业务系统首先访问网级文件属性信息，如果文件存在网级，则直接调用网级的文件返回，路径为①—②—③—④—⑤—⑥。如果文件存在省级，则根据文件地址调用省级文件返回，路径为①—②—③—⑦—⑧—⑥。

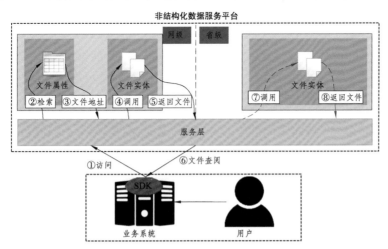

图 6.7 数据访问

　　"私有云"作为一种构建在高效、自动化和虚拟化基础设施上的共享多租户环境，通过提高资源利用率来实现更高的效率（包括大幅节约能源），充分利用增强的工业标准硬件和软件，在提升可用性的同时，最大限度地控制成本增加，利用全新的业务智能工具改进容量管理等。云南电网于 2022 年已实现机载三维扫描全线路覆盖，为深入挖掘相关点云数据特征及与线路运行工况间的关系，将点云数据的可视化管理落到实处，亟待研究基于私有云技术的线路状态评价中心数据平台的相关技术，并有效利用现有技术监督数据分析中心的硬件资源，如图 6.8 所示。

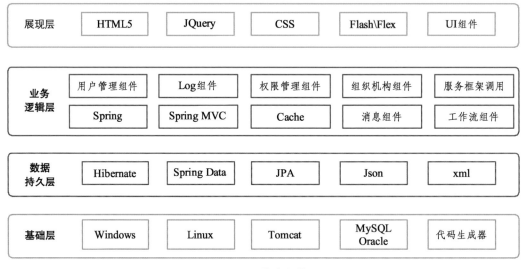

图 6.8　技术架构

　　采用平台化思路，基于基础支撑平台，采用基于 SOA 的多层架构，在前端展现上采用 B/S 模式的客户端，通过 JSP + AJAX 技术实现 RIA；WEB 层通过 SERVLET 响应前端的 HTTP 请求，调用后台服务完成业务逻辑操作；服务组件层采用混合模式，对开发语言不进行限制，针对不同的服务可采用 JAVA 来进行开发，以充分利用 JAVA 语言的优势。

　　展现层采用 jsp 技术在浏览器中进行展现，配合 ajax 组件实现 RIA；WEB 层采用 servlet 技术响应前端请求，servlet 实现对 http（s）数据到 java 类的转换，然后调用后台服务，返回前端，前端和后台通信采用 http 协议，对图形、图表的展现采用 HTML5 + CSS3 技术。前端实现了展现层、业务过程和合成层。

业务逻辑层根据业务类型将复杂的业务逻辑模块化，使用 SpringMVC 实现数据模型、展现与控制层的分离（MVC）模式，使用 Spring 作为反射依赖工具，保证实现接口的可扩展性，使用 Activiti 作为工作流服务引擎，使用 Quatz 完成集群化的后台任务管理。本项目建设主要使用基于多时相走廊数据的变化检测与趋势分析技术、LAS 识别技术、风偏、覆冰、热增容模拟技术等数据分析技术开展数据分析。

数据持久层：使用 Hibernate 框架作为数据持久化框架，保证系统性能及 SQL 安全性，使用 Shiro 安全框架，保证系统、接口的安全性。

基础层：可运行在 Windows 与 Linux 操作系统上，同时支持主流数据库 MySQL 及 Oracle，中间件支持 Tomcat 及 Weblogic。

因为点云数据量庞大，需要庞大的存储空间，而普通的个人计算机无法满足海量点云数据存储的需求，而分散在多个个人计算机上进行存储又不方便数据的管理。针对这些问题，采用私有云存储的方式进行管理。具体存储架构如图 6.9 所示。

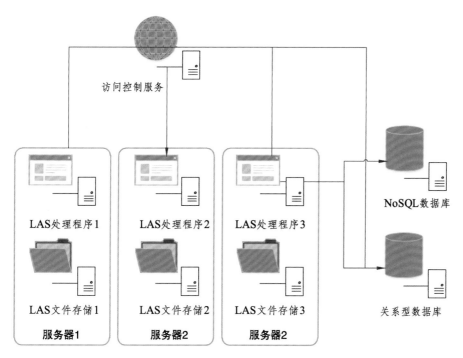

图 6.9　分布式架构

　　点云数据平台使用关系型数据库、NoSQL 数据库以及分布式存储三者组成的混合存储架构，实现输电业务数据的混合存储，以克服传统数据存储管理方式的不足。

　　分布式存储不仅提供了海量数据的存储能力，而且以数据块冗余副本的方式提高了数据访问效率。此外，分布式存储也作为 NoSQL 数据库的存储载体，为 NoSQL 数据库的容量和效率提供了保障。

　　最后通过访问控制对所有的服务器、数据库进行整合管理，保证用户能够方便、快速地取到目标数据。

参考文献

[1]　中华人民共和国建设部，中华人民共和国国家质量监督检验检疫总局. 110～500 kV 架空送电线路施工及验收规范：GB 50233—2005[S]. 北京：中国标准出版社，2005.

[2]　国家能源局. ±800 kV 架空输电线路张力架线施工工艺导则：DT/T 5286—2013[S]. 北京：中国电力出版社，2013.

[3]　国家能源局. 1 000 kV 架空输电线路张力架线施工工艺导则：DT/T 5290—2013[S]. 北京：中国电力出版社，2013.

[4]　中国南方电网有限责任公司. 输变电设备缺陷管理标准：Q/CSG 10701—2007[S]. 北京：中国电力出版社，2007.

[5]　中国南方电网有限责任公司. 输电线路运行管理标准：Q/CSG 21011—2009[S]. 北京：中国电力出版社，2009.

[6]　中国南方电网有限责任公司. 南方电网有限责任公司电力安全工作规程：Q/CSG 510001—2015[S]. 北京：中国电力出版社，2015.

[7]　中国南方电网有限责任公司. 35～500 kV 交流输电线路装备技术导则：Q/CSG 1203004.2—2015[S]. 北京：中国电力出版社，2015.

[8]　中国科学院光电研究院，中国测绘科学研究院，中国科学院大学. 机载激光雷达点云数据质量评价指标及计算方法：GB/T 36100—2018[S]. 北京：中国电力出版社，2018.

[9] 中国地理信息产业协会. 空间三维数据模型格式：T/CAGIS 1—2019[S]. 北京：中国电力出版社，2019.

[10] 国家测绘地理信息局. 地面三维激光扫描作业技术规程：CH/Z 3017—2015[S]. 北京：中国电力出版社，2015.

[11] 中国南方电网有限责任公司. 架空输电线路机巡标准第 8 部分：三维激光扫描点云数据分类及着色标准：Q/CSG 1205020.8—2018[S]. 北京：中国电力出版社，2018.